Joan Gómez i Urgellés

Zàping matemàtic

UNIVERSITAT POLITÈCNICA
DE CATALUNYA
BARCELONATECH

HYPERION
Manuals de supervivència científica per al segle XXI
Coordinador: Jordi José

Amb el suport de

 Generalitat de Catalunya

En col·laboració amb el Servei de Llengües i Terminologia de la UPC

Primera edició: desembre de 2010

Disseny gràfic de la col·lecció: Tono Cristòfol
Maquetació: Talleres Gráficos Alfa

Imatge de la coberta: Joan Gómez

©   Joan Gómez, 2010

©   Edicions UPC, 2010
    Edicions de la Universitat Politècnica de Catalunya, SL
    Jordi Girona Salgado 31, Edifici Torre Girona, D-203, 08034 Barcelona
    Tel.: 934 015 885   Fax: 934 054 101
    www.edicionsupc.es
    E-mail: edicions-upc@upc.es

Producció: LIGHTNING SOURCE

Dipòsit legal: M-52194-2010
ISBN: 978-84-9880-439-3

Qualsevol forma de reproducció, distribució, comunicació pública o transformació d'aquesta obra només es pot fer amb l'autorització del seus titulars, llevat de l'excepció prevista a la llei.

A la família Torres i Torres, en especial a l'Aleix i al Pol,
i en particular a la meva família, especialment al Vicenç.

«*Com explicar que les matemàtiques, un producte de la ment humana,
independentment de l'experiència, s'adapten tan bé als objectes de la realitat.*»

(A. Einstein)

ÍNDEX

PRÒLEG 11

PREÀMBUL 13

INTRODUCCIÓ 17
Calen les matemàtiques *per anar pel món*?
L'alfabetització matemàtica 19

1. LES MATEMÀTIQUES DEL DIA A DIA 23
  1. Matemàtiques i oficis: una relació necessària 23
  2. Mesures de fa uns quants anys 26
  3. Matemàtiques i circulació vial 29
    3.1. El sistema de matriculació de vehicles 30
    3.2. Dièsel o benzina? 32
    3.3. Lloguer de vehicles 36
    3.4. Compte amb els desnivells! 37
  4. Tales i el GPS: el cel, un indret per no perdre'ns 41
    4.1. GPS 43
    4.2. Les matemàtiques del GPS 43
  5. Quina relació hi ha entre Johann Carl Friedrich Gauss,
    la mona de Pasqua i les vacances de Setmana Santa? 46
  6. Matemàtica domèstica. Alimentació, dietètica, nutrició i vestir 50
    6.1. El menú del dia 50
    6.2. Càlcul de calories 54
    6.3. El pes ideal 55
    6.4. Una mica de geometria en els estris de cuina 56
    6.5. Una mica d'aigua… 57
    6.6. Les matemàtiques ens acompanyen en el vestir 58

6.7. La mida de la roba	60
6.8. Les mesures de les sabates	62
7. La importància dels petits canvis	63
7.1. L'efecte papallona	65
8. El preu del diner	66
9. Anem a votar?	71
10. La comunitat de veïns i les equacions de segon grau	73
11. Autobusos, cites i rajoles	75
11.1 Autobusos	75
11.2. Cites	76
11.3. Rajoles	76
12. El creixement exponencial	77
12.1. Els doblecs d'un full de paper	78
12.2. El secret	79
2. UN PARELL DE NOMBRES EMBLEMÀTICS	81
1. El nombre d'or: naixement, herència i família	81
2. El nombre d'or al nostre entorn	83
3. Construcció del rectangle àuric	87
4. El nombre d'or i la successió de Fibonacci: 1,1,2,3,5,8,13,...	88
5. La família del nombre d'or: nombres metàl·lics	91
6. El mediàtic nombre π, una celebritat matemàtica!	94
3. CODIS DE LA NOSTRA VIDA	99
1. Identifiqui's!!! La identificació personal i fiscal	100
1.2. L'aritmètica del DNI i el NIF	100
1.3. Què podem dir del número de passaport?	108
1.4. del NIE?	109
1.5. El CIF	110
1.6. Seguretat social	114
2. Un passeig pel banc	116
2.1. Comptes bancaris	116
2.2. El codi IBAN (*International Bank Account Number*)	118
2.3. Xecs bancaris	121
2.4. I les targetes de crèdit?	122
3. Codi de barres	124
3.1. Codi EAN-13	125
3.2. Made in Catalonia	127
3.3. Codi EAN- 8	128
3.4. Codi UPC-12	128

4. El carnet d'identitat dels llibres. Antecedents 129
   4.1. Format clàssic de 10 dígits 129
   4.2. Format de l'ISBN de 13 dígits 130

4. ANNEX: MATEMÀTIQUES. EDUCACIÓ I CIUTADANIA 133
1. Per què les matemàtiques són avorrides?
   Una visió des del món educatiu 133
2. Una mirada, una reflexió i un repte 134
3. Fer matemàtiques 136
4. Els nostres referents: un fort agraïment al record 137
5. Decàlegs de la didàctica de les matemàtiques 139

5. REFERÉNCIES BIBLIOGRAFIQUES I WEBS 143

EL FOC DESTRUCTOR I LA LLUM DE LA FLAMA

En una situació històrica diferent, en un passat no gaire llunyà, la majoria de científics actuals passarien un mal tràngol consumint-se a les diferents fogueres que il·luminaven les places de les ciutats. El simple fet d'intentar investigar el moviment dels astres ja era motiu de sospites infernals. Intentar demostrar la teoria heliocèntrica, en detriment de la geocèntrica, exposava el científic-dimoni a tornar a casa en forma de cendres. El descobriment de la doble circulació de la sang al cos humà per part de Servet n'és la trista i socarrimada prova. El savi Galileu va optar per retractar-se, en última instància i amb un gest humà fàcilment comprensible. Dir que la terra no es mou al voltant del sol era, davant la possibilitat de patir cremades d'enèsim grau, una manera senzilla i intel·ligent de mantenir-se viu.

El 2009 ha estat el de la celebració del naixement, fa dos-cents anys, del pare de la teoria de l'evolució de les espècies. Darwin va obrir la caixa de trons que posaria inexorablement potes enlaire totes les invencions, les fantasies, els contes fabulosos, les històries imaginatives i els relats màgics que intentaven explicar, per processos divins, l'existència de l'univers, la vida i l'aparició de l'home a la terra. La teoria de l'origen de les espècies és demostrada, dia rere dia, per les descobertes de restes fòssils a tots els continents. L'exploració del genoma humà i dels altres éssers vius és una de les claus que ens ajuden a comprendre què és la vida i qui som nosaltres. La ciència, a base de demostracions empíriques, va tirant per terra totes i cada una de les creences que es basen en la ignorància, la difusió d'aquesta ignorància i, sobretot, l'arrelament social d'aquesta ignorància. Jo, que em dedico a observar individus, en dic estupidesa socialitzada.

Hi ha individus que, per raons diverses, no han tingut accés al coneixement. És un fet llastimós per tal com l'accés al coneixement, a l'educació i a la cultura hauria de ser un dret per a tothom. Però hi ha un fet encara més llastimós. Hi ha individus i grups d'individus que, malgrat que tenen accés al coneixement, a la cultura i a l'educació, s'instal·len en la ignorància voluntàriament, per mandra de saber, per no trair les seves creences. Aquesta ignorància voluntària és el que es defineix com a estupidesa.

Davant la demostració científica, l'ignorant voluntari prefereix perdre el temps cercant explicacions que justifiquin la seva creença. En lloc d'intentar comprendre el que el coneixement científic aporta amb proves, prefereix refugiar-se en la ceguesa de la seva fe. L'estupidesa humana, en segles passats, emprava el foc per destruir tot el que creia que podia posar en perill les creences establertes per segles de desconeixement i d'ignorància.

Avui, encara que sembli un fet increïble, continuen existint grups d'individus que no tan sols volen continuar essent ignorants voluntaris, sinó que intenten propagar la seva estupidesa amb fórmules que porten molts noms diferents, com ara la «teoria del disseny intel·ligent», o per mitjà de moviments religiosos antics o moderns, com ara l'anomenada «cienciologia», de dubtosa espiritualitat però amb una clara finalitat lucrativa.

Aquests estúpids són, segons la meva humil opinió, la prova que no tots els humans han tingut accés a l'evolució. Potser algun dia vegin la llum que els faci savis.

Sento agraïment cap als científics en general, i per en Joan Gómez en particular, per l'esforç que fan per foragitar de les nostres ments la ignorància i la incultura. Ells construeixen dia a dia un món nou, més humà i més savi. Ells ens il·luminen. I que sigui per molts anys!

Toni Albà, actor

PREÀMBUL

De ben segur que teniu un lleuger record de la infància, en concret de l'etapa escolar, que us varen parlar de termes que probablement ja teniu oblidats, com ara el màxim comú divisor, el mínim comú múltiple, les equacions de segons grau..., i d'altres conceptes. Quins noms més estranys! No s'amoïneu; podreu llegir aquest llibre sense necessitat que hagueu de treure la pols dels llibres de matemàtiques, si encara els conserveu.

Els continguts estan presentats d'una manera amena i entenedora, tot mostrant un bonic viatge pels indrets que ens ofereix la matemàtica.

En moltes de les situacions presentades, vaig tenir la inspiració en l'encantador poble de Bot, a la Terra Alta, un indret on regnen la pau i la tranquil·litat, envoltat de natura i de la noblesa dels seus habitants, cosa que estimula el pensament creatiu. En aquest poble, vaig escriure bona part del llibre, i l'altra part va ser escrita a Vilanova i la Geltrú, la ciutat on visc.

Inicialment viatgem per la matemàtica del dia a dia, i oferim unes pinzellades de la matemàtica que ens acompanya en el tarannà quotidià, com poden ser la nutrició, el lloguer de vehicles, el vestir, els desplaçaments, la mesura de la roba... Posteriorment, mostrem la presència de dos nombres emblemàtics: el nombre pi i el nombre d'or; ambdós són prou mediàtics en nombroses situacions del nostre entorn. A continuació, fem un repàs de tota aquesta colla de nombres que ens acompanyen d'ençà que naixem; ens referim als codis d'identificació, com ara el document d'identitat, el número de la targeta de crèdit, els codis de barres...; tots ells ja formen part de la nostra vida.

Finalment s'inclouen, a manera d'annex, unes reflexions sobre el noble ofici d'ensenyar matemàtiques i que tenen especial interès per propiciar el debat amb l'objectiu de millorar la qualitat docent i l'aprenentatge dels estudiants.

Amb la lectura d'aquest llibre, respondrem, doncs, entre d'altres, preguntes del tipus:

Quina relació hi ha entre les rajoles d'un habitatge i el màxim comú divisor? Quina relació hi ha entre els autobusos i el mínim comú múltiple? Quin paper pot jugar l'equació de segon grau en una comunitat de veïns? Quina relació hi ha entre el matemàtic Gauss i la mona de Pasqua? Què té a veure Tales amb el GPS? Quina relació hi ha entre l'aritmètica elemental i les mesures del nostre cos, l'estalvi d'aigua, els préstecs, la circulació de vehicles, els sistemes electorals, les etiquetes dels productes, el DNI, els comptes corrents..., i tants d'altres elements que ens acompanyen en el tarannà quotidià? Són avorrides les matemàtiques?

Tot llegint el llibre i, si escau, amb l'ajut d'una simple calculadora de butxaca amb les «*quatre operacions*», podreu descobrir i respondre aquestes preguntes i moltes més, i alhora comprovareu que les matemàtiques formen part de la nostra vida.

AGRAÏMENTS

En primer lloc, vull agrair la col·laboració del meu fill Vicenç, de deu anys d'edat, pel seu esforç en la realització d'algunes il·lustracions del text. També vull donar les gràcies al David Garcia «Biel» i al Xavier Garriga, per la lectura amable del manuscrit i les seves aportacions, que han enriquit considerablement el text. Finalment, vull manifestar el meu agraïment a la UPC per la oportunitat que m'ha brindat perquè aquesta obra sigui una realitat i als esforços que realitza la UPC en la tasca divulgativa.

INTRODUCCIÓ

Tal com he apuntat al preàmbul, mostrarem alguns episodis que formen part del paisatge matemàtic, il·lustrat amb situacions simpàtiques del tarannà quotidià, a fi de descobrir la cara amable d'aquesta ciència singular, amb l'objectiu de popularitzar alguns conceptes matemàtics que des de fa anys formen part de la nostra cultura i del nostre entorn. Espero que la lectura us sigui realment agradable. Per aquest motiu, a l'annex volem oferir una visió de l'ensenyament actual a partir de fets que han provocat un cert temor de la matemàtica. Volem també fer un petit i breu homenatge als grans mestres que s'han esforçat a millorar l'ensenyament i, en particular, a aquells i aquelles que han lluitat per fer visible aquesta «odiada» disciplina.

En el moment d'escriure aquestes ratlles, s'ha generat un debat social entorn del món educatiu i es preveuen uns anys de gran canvis. En els nivells educatius previs als universitaris, es debat l'anomenada LEC (Llei d'educació de Catalunya) i simultàniament es parla de la implantació de les noves titulacions d'abast europeu (anomenades *graus*), com a conseqüència del conegut *procés de Bolonya*. És evident que tant en uns àmbits com en d'altres, assumint les seves virtuts i defectes, la implantació d'aquestes propostes provocaran canvis metodològics i curriculars en la formació dels ciutadans i, en particular, en l'àrea de les matemàtiques.

En aquest context, el 14 de desembre de 2008 vaig tenir ocasió d'assistir a l'acte d'homenatge al doctor Jaume Pagès, antic Rector de la UPC, en el qual va participar el president Jordi Pujol. Com a anècdota simpàtica, el president Jordi Pujol va afirmar, amb molt bon criteri en els seus arguments, lloant la tasca docent del doctor Pagès i referint-se als canvis educatius, que el problema de l'educació matemàtica és que «a les famílies els interessa més que els seus fills aprenguin a tocar la flauta travessera, en lloc de les matemàtiques». Deixem l'afirmació a la reflexió del lector!

Bé, independentment dels continguts curriculars que resultin d'implementar aquestes propostes, considero adient oferir una visió com a fruit de la meva experiència de més de vint-i-cinc anys d'actuació docent en diversos àmbits, principalment universitaris.

La divulgació matemàtica està focalitzada des de diversos fronts, i al cap i a la fi no es pot desvincular de l'estat actual de l'ensenyament —tant de les seves mancances com dels seus encerts. Per tant, per entendre aquest text cal trencar els tòpics sobre les matemàtiques i, en particular, sobre el seu ensenyament. Cal comprendre per què, en general, no agraden les matemàtiques, i alhora transmetre com enriquir el coneixement matemàtic de manera que sigui útil i atractiu per a la ciutadania.

L'objectiu fonamental és que, amb la lectura d'aquest text, les matemàtiques que hagin après no siguin *odiables*, ben el contrari: que en tinguin un bon record i que alhora, tot veient la seva presència en la nostra vida, els siguin estimables.

El text presenta, doncs, a més de les reflexions educatives, situacions extretes del tarannà quotidià de que ben segur resultaran familiars: matemàtiques i conducció, llei electoral, oficis, sostenibilitat, salut...

Sense anar més lluny, la mateixa televisió està contribuint a popularitzar les matemàtiques. Ens referim a la sèrie *Nombres*.

La sèrie televisiva *Numb3rs* inicia cada episodi amb el text:

«*Cada dia fem servir els nombres: per predir el temps, per dir l'hora, en manejar diners. També les utilitzem per analitzar els crims, cercar pautes, predir comportaments. Amb els nombres, podem resoldre els més grans misteris que ens plantegen.*»

La sèrie és protagonitzada per en Charlie, eminent matemàtic germà d'en Donald, agent de l'FBI. En Charlie ajuda el seu germà a desvelar assassinats emprant eines matemàtiques, principalment el càlcul de probabilitats. L'argument de cada capítol és molt simple, però la sèrie ha aconseguit popularitzar el món de les matemàtiques en l'àmbit ciutadà.

CALEN LES MATEMÀTIQUES *PER ANAR PEL MÓN*? L'ALFABETITZACIÓ MATEMÀTICA

Què ofereixen les matemàtiques, a més de rutines i aritmètica, per a la vida quotidiana i, en particular, per a l'exercici de la professió. Com influeix la matemàtica en el tarannà quotidià? I al revés?

De la mateixa manera que amb les lletres i la gramàtica es donen instruments per parlar i escriure, per fer poemes i cartes, voldríem amb els nombres i la matemàtica donar instruments per calcular i representar, per pagar i cobrar, per votar i per llegir, per entendre i per arreglar... Les matemàtiques per a la vida no són el record que guardaran de nosaltres, sinó tot allò que en farem en la nostra existència com a persones, com a ciutadans, com a crítics, com a demòcrates, com a pares, com a conductors, com a practicants del bricolatge, com a estalviadors, com a lectors, com a pacients... Mostrarem alguns breus aspectes de què ens aporta el coneixement matemàtic: consum, democràcia, sostenibilitat, sentit crític...

Quina talla fem servir per vestir? Entenem els gràfics econòmics de la premsa? Com calculem si ens convé canviar la hipoteca? Quina composició tenen els aliments que mengem? Sabem interpretar plànols «a escala»? Sabem fer estratègies per a la sostenibilitat i l'estalvi energètic? Com quantifiquem algunes despeses? Sabem les regles del joc electoral, com ara la llei D'Hondt i d'altres alternatives?

Els ordinadors, els telèfons mòbils, els GPS... no existirien sense les matemàtiques. Matemàtiques i tecnologia: una relació necessària.

La proporció, la mesura, la geometria, la lògica, el càlcul, l'optimització... hi tenen molt a dir.

Tal com deia H. Pollack: «Tradicionalment, les matemàtiques de la vida normal de cada dia han estat les de l'escola primària. Les matemà-

2/

tiques per exercir una ciutadania intel·ligent haurien de ser, bàsicament, les matemàtiques de l'educació secundària. Les matemàtiques per a l'exercici professional s'han d'ensenyar en l'etapa universitària (si l'exercici de la professió requereix estudis d'aquest nivell). Les matemàtiques com a part de la cultura integral humana no estan assignades a cap nivell educatiu.»

Les matemàtiques estan presents a la vida quotidiana i aquest aspecte s'ha de tenir en compte als currículums, com a recurs educatiu per a la formació integral dels ciutadans i les ciutadanes amb sentit crític. El missatge és fomentar el gust per les matemàtiques i fer notar la seva presència al nostre entorn.

És un repte per a la reflexió, que va més enllà de l'anomenada cultura general: l'alfabetització matemàtica.

Seria molt gratificant que la lectura del text contribuís a enriquir la vostra estimació per les matemàtiques.

Us invito, doncs, a descobrir com les matemàtiques formen part de la nostra vida.

Espero que la lectura del text sigui profitosa!

Joan Gómez i Urgellés

Escrit al poble de Bot (Terra Alta) durant l'estiu de 2009 i acabat a Vilanova i la Geltrú la primavera de 2010.

Problema del pagès
Ensenyament de 1960: Un pagès ven un sac de patates per 1.000 pessetes. Les seves despeses de producció s'eleven a 4/5 del preu de venda. Quins són els seus guanys?
Ensenyament tradicional de 1970: Un pagès ven un sac de patates per 1.000 pessetes. Les seves despeses de producció s'eleven a 4/5 del preu de venda, és a dir, a 800 pessetes. Quins són els seus guanys?
Ensenyament modern de 1970 (LGE): Un pagès canvia un conjunt P de patates por un conjunt M de monedes. El cardinal del conjunt M és igual a 1.000 pessetes, i cada element P de M val una pesseta. Dibuixa 1.000 punts grossos que representin els elements del conjunt M. El conjunt F de les despeses de producció comprèn 200 punts grossos menys que el conjunt M. Representa el conjunt F com a subconjunt del conjunt M i respon a la qüestió següent: Quin és el cardinal del conjunt B dels guanys? Dibuixeu B amb color vermell.
(Nota de l'autor: Els textos que vénen a continuació s'han respectat de l'original i s'hi mantenen les faltes d'ortografia i l'estil de la paròdia.)
Ensenyament renovat de 1980: Un agricultor ven un sac de patates per 1.000 pessetes. Los gastos de producció s'eleven a 800 ptes. i el benefici és de 200 ptes. Subratlla la paraula «patata» y discuteix sobre ella amb el teu company.
Ensenyament reformat (LODE): Un payé vurgués, capitalista insolidari, esbanriquí am 200 pessetes al bendre especulant un sac de patatas. Analitsa el text y totsegit digues lo que pensis d'aket avus antidemocratic.
Ensenyament comprensiu de 1990 (LOGSE): (*Educació comprensiva és aquella que ofereix les mateixes experiències educatives a tot l'alumnat. L'aprenentatge ha d'assegurar que els coneixements adquirits a l'aula puguin ser utilitzats a les circumstàncies en què l'alumne viu i en què pugui arribar a necessitar-les.) Des de l'entrada d'Espanya a la CEE, els agricultors no poden fixar lliurement el preu de venda de les patates. Suposant que vulguin vendre un sac de patates per 1.000 pessetes, fes una enquesta per poder determinar el volum de la demanda potencial de patates al nostre país i l'opinió sobre la qualitat de les nostres patates en relació amb les importades d'altres països, i com es veuria afectat tot el procés de venda si els sindicats del camp convoquen una vaga general. Completa aquesta activitat analitzant els elements del problema, relacionant els elements entre sí i buscant el principi de relació d'aquests elements. Finalment, fes un quadre de doble entrada, indicant en horitzontal, dalt, els nombres dels grups citats i, a sota, en vertical, diferents formes de cuinar les patates.
Ensenyament assistit per ordinador (en un futur no llunyà): Un productor de l'espai agrícola en xarxa de l'àrea global demana un *data-bank* conversacional que li displaia el *day-rate* de la patata. Després es dounlauea un software computacional fiable i determina el *cash-flow* sobre pantalla de mapa de bits (sota DOS, floppy i 40 MB). Dibuixa amb el ratolí en contorn integrat 3D del sac de patates i renderitza'l. Després fes un *log-in* a la xarxa per 36.15 codi BP (blue potatoe) i segueix les condicions del menú.
Ensenyament futur, futur: Què era un pagès?

1

LES MATEMÀTIQUES DEL DIA A DIA

1. MATEMÀTIQUES I OFICIS: UNA RELACIÓ NECESSÀRIA
Mostrarem la presència de les matemàtiques en la tasca laboral del dia a dia i, en particular, el seu paper en el món professional. (Fig.3)

En Ramon Sabatés (pèrit mecànic, 1916-2003) va immortalitzar la figura del professor Franz de Copenhaguen en els clàssics *inventos del TBO*. Sovint, «els invents» han proporcionat recursos en el desenvolupament dels oficis i les professions, fonamentats en tècniques i càlculs matemàtics... (Fig.4)

En aquest àmbit, destaquem un invent pioner, l'anomenat cargol d'Arquimedes, construït tal com mostra les figures 5 i 6.

3/  4/

5/ 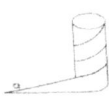 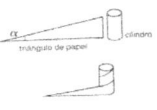 6/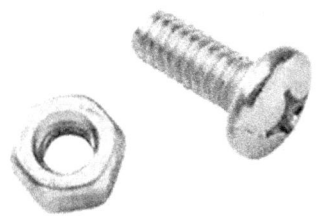

7/

8/

9/

10/

11/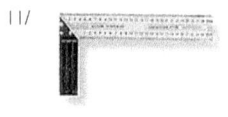

12/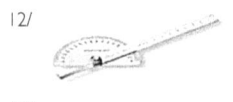

13/

La construcció anterior provoca una hèlix. Com més petit sigui l'angle del triangle, caldrà fer-hi més voltes. Quant haurà avançat el cargol en completar una volta sencera al cilindre? Aquesta distància es coneix com «avanç». Si el pas és d'1mm, caldrà fer 10 voltes per avançar 1 cm. Aquest fet ja era conegut per Arquimedes (287-212 aC.); el sistema va ser ideat per extreure aigua d'un riu i regar terrenys, amb unes aspes de forma helicoïdal. La fabricació de pintallavis es fonamenta en aquest fet. Actualment, aquesta tècnica s'utilitza a les carnisseries (picadores de carn) i, en l'àmbit industrial, per bellugar líquids. D'altres aplicacions semblants són les hèlixs dels forabords en navegació i les hèlixs dels helicòpters.

Tot seguit, citem alguns instruments de mesura habituals com a protagonistes en nombrosos oficis. Aquests elements mereixen una atenció especial ja que durant molts anys han estat elements inseparables de nombrosos oficis i darrere de tots ells s'amaga el coneixement matemàtic.

METRE DE CINTA METÀL·LICA. És el metre per excel·lència. És molt exacte i serveix per prendre qualsevol tipus de mesura. (Fig.7)

Per mesurar longituds llargues una única persona, cal que la cinta mètrica sigui suficientment ampla per tal que no es doblegui. Acostumen a tenir una llargada d'entre 3 i 5 metres.

METRE DE FUSTER. Es continua utilitzant en algunes fusteries, per bé que el metre clàssic de fuster va desapareixent a poc a poc i és substituit per l'anterior. (Fig.8)

METRE LÀSER. És el metre d'última generació. Mesura fàcilment i amb gran precisió distàncies de tota mena. El seu inconvenient és el cost elevat que té per a un usuari aficionat. (Fig.9)

REGLA METÀL·LICA. Les regles metàl·liques són molt útils per a treballs de fusteria, gràcies a la seva exactitud i, sobretot, per dibuixar línies rectes. (Fig.10)

ESCAIRE DE FUSTER. L'escaire de fuster és un clàssic insubstituïble, ja que amb aquest escaire es

ZÀPING MATEMÀTIC 24

14/
15/
16/

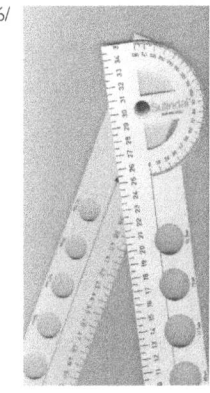

17/
18/
19/

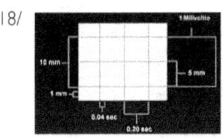
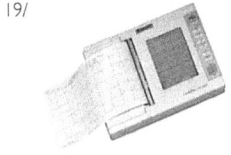

pot comprovar la bona col·locació d'un moble (escairat); a més, serveix per construir línies perpendiculars o a 45° respecte de la cantonada d'un tauler. N'hi ha de regulables en angle, és a dir: no necessàriament de 45°. (Fig. 11)

TRANSPORTADOR D'ANGLES. És molt útil per fabricar elements amb angles no rectes. També serveix per copiar un angle i traslladar-lo a l'element que estem fabricant. (Fig. 12)

NIVELL. El nivell s'utilitza per mesurar el grau d'horitzontalitat o verticalitat d'un element. És una eina que no pot faltar en cap ofici manual. S'utilitza constantment en penjar quadres, col·locar mobles, instal·lar prestatges, construir parets... (Fig. 13)

PEU DE REI. Mesura amb força precisió elements petits (cargols, forats, petits objectes...). La precisió arriba a la dècima i, fins i tot, a la mitja dècima de mil·límetre. Per mesurar exteriors, s'utilitzen les dues potes llargues; per mesurar interiors (per exemple, diàmetres de forats), les dues potes petites, i per mesurar fondàries, l'element que surt de la part del darrere. Per efectuar un amidament, s'ajusta el calibre a l'objecte que es vol mesurar i es fixa. La pota mòbil té una escala graduada (10 o 20 ratlletes, depenent de la qualitat del peu de rei i de la precisió). La primera ratlleta (0) indica els mil·límetres i la ratlleta següent que coincideixi exactament amb una de les ratlletes de l'escala graduada del peu indica les dècimes de mil·límetre (calibre amb 10 divisions) o les mitges dècimes de mil·límetre (calibre amb 20 divisions). (Fig. 14)

En medicina és habitual el *doble decímetre*, que s'utilitza en òptica i mesura la distància entre les pupil·les. (Fig. 15)

I, en traumatologia, aquest enginyós aparell, amb un transportador d'angles incorporat, s'utilitza per mesurar les desviacions de les articulacions. L'aparell que es mostra inclou una petita taula que indica els graus considerats normals. (Figs. 16 i 17)

Un altre exemple d'aplicació a la medicina és l'anàlisi dels electrocardiogrames per determinar enfermetats cardiovasculars. El paper està distribuït com s'indica:

Voltatge: eix d'ordenades
Temps: eix d'abscisses
Velocitat del paper: 25mm/s

Cada mil·límetre en les abscisses correspon a 0,04 segons i cada mil·livolt es tradueix en un desplaçament de 10 mm de l'agulla en l'eix d'ordenades. (Figs.18 i 19)

Esperem que, amb aquesta descripció breu, les matemàtiques us siguin útils en l'exercici professional i en la vostra formació.

2. MESURES DE FA UNS QUANTS ANYS...

Lliures, unces, petricons... han esdevingut durant molts anys protagonistes en l'escenari de molts mercats. Vull retre un homenatge en agraïment al record de totes aquestes unitats que han intervingut en l'el·laboració de receptes culinàries de la nostra gastronomia i que fins fa poc eren encara presents a les botigues de queviures, i que avui han estat substituïdes pel quilogram, el gram, el litre...

Molt sovint, els nostres avis i pares utilitzaven (i encara ho fan en alguns indrets del país) mesures de pes i capacitat com a ús quotidià del comerç alimentari (unces, petricons, lliures...). Encara avui, en els mercats tradicionals, sentim algun d'aquests mots en boca d'alguna persona gran. És important no confondre el terme *volum* amb el terme *capacitat*: *volum* fa referència a una porció d'espai i *capacitat* es refereix a la cabuda d'un recipient i expressa la quantitat de líquid o sòlid que hi cap.

20/

El record de les mesures de fa uns quants dies és un magnífic exercici divulgatiu per aprendre la història humana i social de Catalunya i, al cap i a la fi, de la nostra gastronomia, on la presència de les matemàtiques juga un paper important (proporció, geometria, mesura...). En l'aportació, establiré una descripció de les principals unitats utilitzades i la seva equivalència amb les mesures actuals.

El llenguatge català ha distingit entre mides, mesures i pesos.

El terme mida s'ha emprat només per a longituds, mentre que mesura s'aplica a superfícies i capacitats. Les mides sorgiren per comparació amb parts del cos humà: el braç, el colze, el pam, la mà, la pas, etc. Les mesures de superfície anaven lligades a les feines agrícoles: extensions de terreny, gra que s'utilitzava per a sembrar una determinada extensió, etc. Les mesures de capacitat, tant per a líquids com per a sòlids, es basaven en l'ús de recipients de mides fixes (per exemple, el porró). Els pesos anaven lligats al principi de la balança. Cada poble va anar forjant un peculiar sistema de pesar; aquest fet va dificultar l'intercanvi comercial, i la preocupació era establir uns patrons adients per vendre i comprar. No va ser fins al final del segle XVIII –amb la creació del sistema mètric decimal francès– que es va assolir la unificació de mesures. El sistema mètric aporta uns patrons racionals i universals, lligats a les divisions de la Terra.

Prestarem una atenció especial a les mesures relacionades amb els queviures, és a dir, els pesos i la capacitat.

Malgrat tot, la unitat comuna a tots els Països Catalans va ser la lliura (equivalent a 12 unces) i les seves subdivisions, que en la terminologia actual equival a 400 grams. A les terres de l'Ebre, on es cultivava arròs, s'usava la mesura dels sacs: un sac equivalia a 75 kg.

Mesures de pes

Establiré unes definicions de mesures de pes que poden ajudar a entendre tot aquest apassionant món de l'art de mesurar.

Unça: unitat de pes catalana que equival a 1/12 lliures, és a dir, 33,33... grams (3 unces serien 100 grams).

Lliura: unitat de pes catalana equivalent a 12 unces (és a dir, 1 lliura = 400 grams).

Arrova o rova: unitat de pes, no estrictament catalana, equivalent a 26 lliures (és a dir, 10,400 quilograms).

Quintar: unitat catalana de pes equivalent a 4 arroves (és a dir, 41,600 quilograms).

Càrrega: unitat de pes, no només catalana, equivalent a 12 arroves (és a dir: 124,800 quilograms).

Mesures de capacitat

Mesures per a grans:
Per mesurar grans, s'utilitzaven recipients de fusta reforçats amb ferros, que també es feien servir per mesurar quantitats d'ametlles, avellanes, blat, olives, sal... Aquest recipient, a Catalunya, s'anomenava *quartera* (una quartera equivalia a la cabuda del recipient del mateix nom) i tenia una forma geomètrica de tronc de con (amb la boca més estreta que la base) i dues nanses al costat. Cal dir que al Pirineu s'usava l'*aimina* i a les Illes, País Valencià i Tortosa, l'anomenada *barcella*. En general, una quartera equival a 70,80 litres.

Per a vi, licors i llet:
La mesura més emprada a Catalunya era el porró, però de fet no tenia la mateixa capacitat a tot Catalunya. El porró era equivalent a quatre *petricons*; malgrat això, el valor més usat del porró era de 0,948 litres. Del porró, en resulten d'altres mesures; per exemple, a Barcelona s'usava l'anomenada *pipa* (512 porrons), a Girona i a Tarragona una *càrrega* (128 porrons), i a Lleida un *càntir* (12 porrons). El *càntir* equivalia a Barcelona a 12 porrons, i a Tarragona a 16 porrons. Els càntirs catalans eren de ceràmica i seguint la tradició romana, tenien alineats la boca, la nansa i el bec.

Per a oli:
Les mesures per l'oli estaven relacionades també amb tipologies de recipients. La més popular a Catalunya era la *càrrega* (equivalent a dos *barrals*), amb una capacitat de 125,7 litres a Lleida, 124,5 litres a Barcelona, 104,27 litres a Girona i 123,9 litres a Tarragona.

Tornant als productes alimentaris, vull emfatitzar que la unitat «base» era la lliure i d'aquesta manera, en alimentació tenim:

Lliure carnissera (3 terces) = 36 unces; lliura de peix fresc = 30 unces; lliura de xocolata = 12 unces; lliura valenciana de peix = 18 unces; lliura valenciana de cafè, sucre, pa = 12 unces; lliura valenciana de fruita = 16 unces.

Per tal d'ampliar aquest viatge pel món de les mesures tradicionals, vull recomanar el text *Diccionari de mesures catalanes* (C. Alsina, 1996).

Tot el que hem dit es pot il·lustrar visualment amb la taula següent, que mostra d'una manera ràpida les divisions i subdivisions més habituals als Països Catalans:

− Mesures de pes

El quintar	4 arroves o 104 lliures	41,6 kg
L'arrova	26 lliures	10,4 kg
La lliure	12 unces	0,4 kg
L'unça		0,033 kg

− Mesures de capacitat

Per a vins i licors

Un pipa	4 càrregues	485 litres
Una càrrega	2 barrals	121,4 litres
Un barraló	32 porrons	30,35 litres
Un porró	4 petricons	0,984 litres

És a dir: 1 litre són 1,05 porrons

Per a l'oli

1 càrrega	2 barrals	124,5 litres
1 quartà	16 quartes	4,15 litres
1 quarta		0,26 litres

És a dir: 1 litre són 3,85 quartes

Per a grans

1 quartera	12 quartans	69,51 litres
1 quartà	12 picotins	6,70 litres

3. MATEMÀTIQUES I CIRCULACIÓ VIAL

Quina relació hi ha entre l'estadística, el càlcul combinatori i els vehicles? A l'hora de comprar un cotxe, cal decidir: Què és millor, benzina o dièsel? I a l'hora de llogar: on hem de llogar un vehicle? Quin significat tenen els senyals dels pendents de les carreteres? Què és i com funciona el GPS?

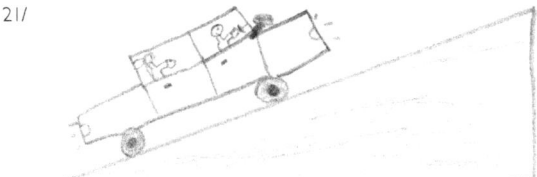

En aquesta secció, intentarem esbrinar com les matemàtiques ens aporten criteris per entendre alguns aspectes relacionats amb el món de la conducció de vehicles.

3.1. El sistema de matriculació de vehicles

El 18 de setembre de l'any 2000, en ple any internacional de les matemàtiques, s'estrena el model «europeu» de matriculació de vehicles, en virtut de l'Ordre ministerial de 15 de setembre de 2000. El mateix dia 18 es matricula el darrer cotxe amb la simbologia clàssica, en concret el M-6814-ZX (van quedar 23.186 plaques per assignar a la província de Madrid). Les noves plaques substitueixen els clàssics símbols, de diferents formats, amb distintius «provincials» –que tenien quasi cent anys d'història–, per una «E» d'Espanya a sota de la bandera de la Unió Europea; i amb combinacions alfanumèriques de quatre números i tres lletres.

22/

Aquest canvi va ser motiu de debat i d'oposició malgrat tot, va acabar imposant-se. Les principals raons oficials van ser: contribuir a la sensibilització de la ciutadania en la integració europea, afavorir les vendes de cotxes de segona mà, seguir un model compartit per diversos estats europeus...

Les principals característiques de la nova placa són:

- Les dimensions són de 52x11 cm, és a dir, dos centímetres més llarga que l'anterior model. Com hem comentat, el format és de quatre números, on el primer és de 0000 i el darrer 9999, seguits de tres lletres (començant per la BBB i acabant per ZZZ); i al inici destaca el distintiu del país. (Fig. 22)"

En les lletres, no s'inclouen les vocals per evitar que les combinacions produeixin mots que «no sonin bé» o siguin «grollers» –per exemple PET, TAP, PIS- ni la «ll» o la «ch» ja que el disseny de la matrícula no admet quatre caràcters alfabètics –no s'admet una placa amb les lletres BGLL, perquè tindria 4 lletres–; tampoc no s'inclouen la «ñ» i la «q» per evitar que es confonguin amb la «n» i la «o». Per tant, el grup de lletres admeses són les 20 següents: B, C, D, F, G, H, J, K, L, M, N, P, R, S, T, V, W, X, Y i Z, que s'assignen per ordre alfabètic.

- Els números s'assignen del 0000 al 9999, sempre respectant els quatre dígits, és a dir, col·locant zeros a l'esquerra al costat dels inferiors a 1000 (d'aquesta manera, el 423 s'escriurà com 0423).

Quina quantitat de cotxes es poden matricular?
Per fer aquest càlcul, usarem una eina anomenada *variacions amb repetició*.

Variacions amb repetició

Per calcular de quantes maneres es poden agrupar *m* elements de grandària *n* en cada grup, de forma que es puguin repetir sense que importi l'ordre de col·locació, s'utilitza la fórmula de les *variacions amb repetició* de «*m* elements agafats de *n* en *n*»:

$$VR_{m,n} = m^n$$

Cal comptar quantes combinacions de tres lletres podem fer amb les vint autoritzades, de manera que es puguin repetir caràcters i amb significat diferent en funció de l'ordre de col·locació d'aquests, per fer-ho utilitzarem les anomenades *variacions amb repetició* de 20 elements agafats de tres en tres:

$20^3 = 20 \cdot 20 \cdot 20 = 8.000$ maneres d'escollir tres lletres (BCD, FDB, BDF, FFC...)

També cal comptar de quantes maneres podem escriure els números 0,1,...,9 en grups de quatre dígits tenint en compte que no és el mateix número si s'escriu en ordre diferent (el 4374 no és igual que el 4347) i que es poden repetir xifres; en definitiva, es tracta de 10 elements agafats en grups de quatre, de manera que es puguin repetir. Per tant, tindrem:

$10^4 = 10.000$ maneres possibles.

En total es poden fer, doncs, $8.000 \times 10.000 = 80.000.000$ de plaques de matrícula diferents.

Tenint en compte que durant aquests darrers deu anys de vida del nou format s'han matriculat de l'ordre de 2.000.000 cotxes cada any, podem afirmar que l'actual sistema té vida per a trenta anys més.

Com a dada curiosa, el primer vehicle matriculat a Espanya amb el format europeu (0000 BBB) va ser un Mercedes 230 SL.

Les matrícules especials es distingeixen pel color del fons de la placa, pels colors del números i per un caràcter alfabètic que precedeix la combinació alfanumèrica.

- C per a ciclomotors, amb dígits negres sobre fons groc
- E per a vehicles especials, amb dígits vermells sobre fons blanc
- H per a vehicles històrics, amb dígits negres sobre fons blanc
- P per a autoritzacions temporals per a particulars, amb dígits blancs sobre fons verd
- R per a remolcs, amb dígits negres sobre fons vermell
- S per a autoritzacions temporals per a empreses i vehicles nous, amb dígits blancs sobre fons vermell
- T per a matrícules turístiques, amb dígits negres sobre fons blanc
- V per a autoritzacions temporals per a empreses i en vehicles usats, amb dígits blancs sobre fons vermell

3.2. Dièsel o benzina?

Sovint, abans d'adquirir un vehicle, ens preguntem si ens sortirà més econòmic un cotxe amb combustible dièsel o de benzina. Presentarem un model matemàtic que ens determinarà el cost del vehicle en funció de la despesa de combustible i del quilometratge realitzat, a fi d'estudiar la viabilitat d'adquirir un tipus de vehicle o un altre. Vegem com comptaríem «amb els dits» el cost d'un vehicle.

Les promocions ens indiquen la despesa de combustible cada 100 km altrament, ho podem comprovar en un vehicle *in situ*. Si anomenem l la quantitat de litres que consumeix el vehicle cada 100 km, això vol dir que cada quilòmetre consumeix $\dfrac{l}{100}$ litres; per tant, si anomenem p el preu de cada litre de combustible, el cost de cada quilòmetres serà de $\dfrac{l}{100} \cdot p$

.Amb això, si el preu pel qual hem adquirit el vehicle és de c euros (preu de compra), ja podem intuir el que ens costa el vehicle –ho indicarem per y– al cap de x quilòmetres. Per tant, el model matemàtic serà:

Cost del vehicle = preu de compra + preu del carburant de cada quilòmetre × número de quilòmetres. En termes matemàtics, en resulta la relació:

$$y = c + \frac{l}{100} \cdot p \cdot x$$

L'expressió anterior es coneix amb el nom d'equació d'una recta de pendent $\frac{l}{100} \cdot p$

Vegem-ne un exemple imaginari amb dues propostes de vehicles, una d'un hipotètic vehicle dièsel i l'altre de benzina. Analitzarem quina és la millor alternativa en funció del quilometratge i de les nostres necessitats

a. Suposem una oferta d'un vehicle A que té un preu de venda al públic de 20.000 euros, dièsel, que consumeix 4 litres cada 100 km, de manera que el preu per litre de gasoil és de 0,95 euros. El cost del vehicle serà:

$$y = 20.000 + \frac{4}{100} \cdot 0,95 \cdot x, \quad \text{és a dir,} \quad y = 20.000 + 0,038 \cdot x$$

b. Suposem un vehicle B que costa 18.000 euros, amb benzina, de manera que el preu de cada litre de benzina és de 1,10 euros per litre consumit i el consum per cada 100 km és de 6 litres. El cost del vehicle serà:

$$y = 18.000 + \frac{6}{100} \cdot 1,10 \cdot x, \quad \text{és a dir,} \quad y = 18.000 + 0,066 \cdot x$$

Per quina oferta ens decantarem? Un cop més, les matemàtiques ens ajudaran a decidir! Podem pensar que, malgrat el cost del vehicle A sigui més elevat, com que el consum és més baix ens resultarà més econòmic que la proposta B...; tot depèn. Els proposo que m'acompanyin a «fer números». Els aconsello que agafin una calculadora de butxaca i que construeixin una taula il·lustrativa com la que es mostra a continuació:

Vehicle A (dièsel) $y = 20.000 + 0,038 \cdot x$		Comparativa	Vehicle B (benzina) $y = 18.000 + 0,066 \cdot x$	
km del vehicle A	Cost		km del vehicle B	Cost
0	20.000		0	18.000
70.000	22.666		70.000	22.620
71.000	22.698		71.000	22.686
72.000	22.736		72.000	22.752

S'observa que, entre recorreguts de 71.000 km i de 72.000 km, hi ha un canvi en el cost de manera que, en un moment donat, el vehicle més econòmic és el dièsel. A partir de quin moment es produeix aquest canvi? La resposta per calcular aquest punt «frontera» ens la dóna els valor comú de les dues equacions:

$$y = 20.000 + 0,038 \cdot x$$

$$y = 18.000 + 0,066 \cdot x$$

El conjunt format per aquestes dues equacions (anomenat *sistema d'equacions lineals*) és el model que determina el punt comú.
Primerament, el resoldrem algebraicament:

$20.000 + 0,038 \cdot x = 18.000 + 0,066 \cdot x$ i aïllant la x, s'obté que $x = 71.428,57143$, és a dir, per a aquest quilometratge, el consum serà idèntic —en concret, de 22.714,28571 euros— i, a partir d'aquest quilometratge, resultarà més econòmic el vehicle tipus dièsel.

Si ho resolem gràficament, es pot visualitzar:

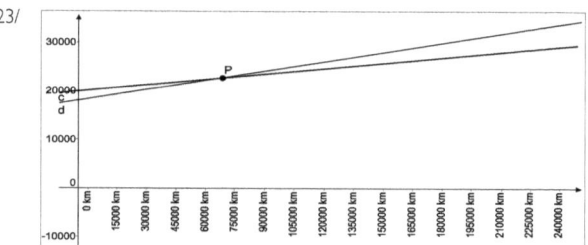

Ens fixem que la intersecció entre les dues rectes és el punt P, que correspon a 71.428,57143 km i que comporta una despesa de 22.714,28571 euros. S'observa, doncs, que fins a 71.428,57143 km resulta més econòmic adquirir el model de cotxe amb benzina, mentre que a partir d'aquest quilometratge caldrà un de dièsel.
Per tant, si penseu recórrer una quantitat de quilòmetres que superi aquesta xifra, us aconsellem que compreu el dièsel; en cas contrari, heu de comprar el model de benzina.
L'estudi mostrat és bastant aproximat, però a la realitat cal tenir en compte altres despeses. Si aprofundim l'anàlisi, caldrà considerar altres

elements, com ara d'assegurances, revisions, impostos, avaries..., en conseqüència, si tenim en compte aquests i d'altres elements involucrats, el model ja no serà lineal (una recta).

Un estudi recent (maig de 2009) sobre mobilitat, realitzat per la Generalitat de Catalunya:

http://www.gencat.cat/mediamb/ea/mobilitat/costos/ctenircotxe.htm#costcotxe

mostra una estimació del cost per kilòmetre de la utilització del cotxe particular, considerar tots els aspectes involucrats (contaminació, cost de la ITV, etc...); adjuntem el gràfic extret d'aquest estudi:

Costos aproximats per quilòmetre, en cotxe (directes i indirectes)

COSTOS DIRECTES	
Combustible	0,02€
Lubrificants	0,01€
Pneumàtics	0,01€
Manteniment i reparacions	0,02€
Propietat	0,15€
ITV	0,01€
IVTM	0,01€
Assegurances	0,07€
Aparcament	0,06€
Multes	0,01€
Peatges	0,05€
Total costos directes	**0,42€**
COSTOS INDIRECTES	
Temps de trajecte	0,14€
Inversions en infraestructures	0,03€
Temps d'accés i espera	0,07€
Increment per congestió	0,06€
Accidents	0,06€
Contaminació atmosfèrica	0,02€
Contaminació acústica	0,01€
Total costos indirectes	**0,39€**
TOTAL	**0,81€**

Font: Autoritat del Transport Metropolità

Com mostra el quadre, el cost «real» del vehicle s'estima en uns 0,81 euros per kilòmetre. Val la pena circular amb cotxe particular?

3.3. Lloguer de vehicles

Imaginem que volem marxar un cap de setmana a gaudir d'unes minivacances i ens interessa llogar un cotxe. Val la pena llogar un cotxe? És escaient analitzar les diferents ofertes de lloguer per tal d'escollir la que s'ajusti millor a les nostres necessitats. Un cop més els models matemàtics ens ajudaran a decidir. Abans de consolidar el lloguer, ens trobem davant de tres ofertes per escollir:

– Agència A: Ens demanan 50 euros fixos, més 0,25 euros per quilòmetre efectuat.
– Agència B: Ens demanen 40 euros fixos, mes 0,30 euros per quilòmetre realitzat
– Agència C: Ens proposa una tarifa plana de 300 euros.

Els models matemàtics que relacionen el cost del lloguer (y_A, y_B, y_C, respectivament les agències A, B, C) en funció del quilometratge (que denotem amb la lletra x) són les expressions següents (rectes):

$$y_A = 50 + 0,25 \cdot x$$

$$y_B = 40 + 0,30 \cdot x$$

$$y_C = 300$$

Si representem gràficament les restes anteriors, tenim:

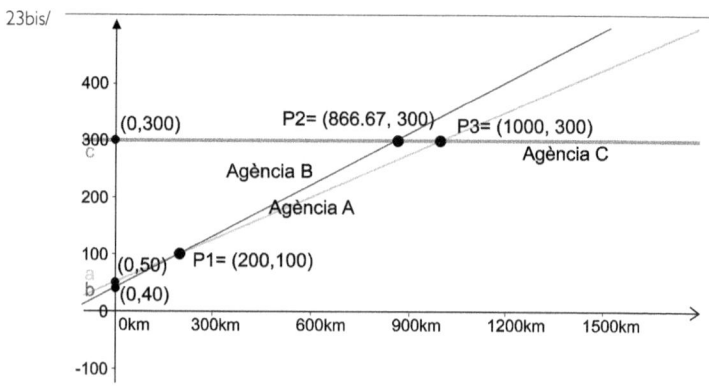

Els punts P1, P2, P3 són els valors comuns respectius de les rectes i indiquen els punts de canvi de tarifa en funció del quilometratge. Si interpretem les gràfiques mostrades, veiem que fins a un trajecte de 200 km l'oferta més econòmica és la proposta de l'agència B (observa que la gràfica està per sota de les altres), i en aquest cas, el cost del lloguer seria de 100 euros com a màxim; si hem de fer més de 200 km i menys de 866,67, ens convé contractar l'agència A, ja que el cost del lloguer se situa entre 100 euros i 300; si volem fer recorreguts superiors a 866,67 km, cal apostar per l'agència C ja que per a qualsevol quilometratge superior a 866,67 km pagaríem 300 euros (independentment dels quilòmetres que féssim). Aquest resultat el podem il·lustrar amb la taula següent:

Quilòmetres del trajecte que desitgem	Cost del lloguer
Entre 0 i 200 km	Pagaríem, com a màxim, 100 euros en l'agència B
Entre 200 km i 866,67 km	Pagaríem entre 100 i 300 euros contractant l'agència A
Més de 866,67 km	Ens convé l'agència C

3.4. Compte amb els desnivells!

Moltes vegades, quan circulem amb vehicle, observem uns senyals que ens són familiars. Quin significat tenen? Quines matemàtiques hi ha al darrere? A més dels senyals de circulació viària, també es parla de pendents i desnivells d'altres elements quotidians, com per exemple les escales dels immobles. Prestarem especial atenció a la matemàtica que hi ha al darrere d'aquesta tipologia de senyal. Què significa el pendent?

Segons la Direcció General de Trànsit, el pendent d'una carretera n'indica el desnivell i s'expressa en tant per cent, que indicarem amb el símbol P%, i es defineix com el resultat del quocient entre els metres que hem pujat (a), multiplicat per 100, i els metres recorreguts en «horitzontal» (b). És a dir:

P% = (metres que hem pujat)×100 / (metres recorreguts horitzontalment) = $\dfrac{a}{b} \cdot 100$

En el cas de la imatge, el 15% ens informaria que per a cada 100 metres «teòrics» que circuléssim horitzontalment (b), pujaríem una alçada de 15 metres (a) respecte de l'horitzontal. Si apliquem la fórmula anterior, veiem que efectivament $15 = \dfrac{15}{100} \cdot 100$

Per què diem «teòrics»? Com és que no ens referim al recorregut real «d» que efectuem en el desplaçament? Com podem determinar realment el que hem recorregut?

Si observen els mapes tradicionals de carreteres, notem que les carreteres estan dibuixades sobre el pla, sense plasmar-ne l'alçada (un dibuix bidimensional, en el qual només es veu l'horitzontal). En els llocs on hi ha desnivells, el mapa només ens mostra la projecció de la carretera; si ens hi fixem, en els mapes tot està dibuixat en un mateix nivell.

24/ 25/

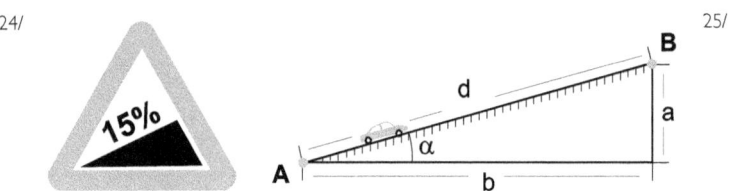

Per entendre una mica tot això, caldrà introduir cinc cèntims de matemàtiques elementals. Qui no en vulgui llegir els raonaments, pot passar directament als resultats obtinguts i destacats en requadres. Anem per feina!

Prendrem com a referència la imatge del triangle que es mostra més amunt, de costats a, b (catets) i c (hipotenusa). Hi farem un seguit de consideracions:

Recordem la definició de sinus i tangent de l'angle α:

$$\sin(\alpha) = \frac{a}{d} \text{ i } \tan(\alpha) = \frac{a}{b} ;$$

aleshores, la definició de pendent P% queda com:

$$\boxed{P\% = \frac{a}{b} \cdot 100 = \tan(\alpha) \cdot 100}$$

En el cas d'un pendent del 15%, tindrem que $\tan(\alpha) = \frac{15}{100} = 0{,}15$ i,

per tant, usant una calculadora de butxaca, tenim que l'angle d'inclinació serà de $\alpha = 8{,}5307°$

Recordem també que el conegut teorema de Pitàgores ens relaciona els costats del triangle mitjançant la fórmula:

$d = \sqrt{a^2 + b^2}$. Les expressions anteriors ens permetran establir relacions entre la distància recorreguda en realitat (d), l'horitzontal (b), l'alçada (a) i l'angle d'inclinació α. Vegem un exemple de com s'organitza tot plegat:

Anem de viatge i ens trobem un senyal que indica un pendent del 15% de pujada, i des del començament de la pujada observem que el comptaquilòmetres del vehicle marca que hem recorregut 117 metres. Quina alçada hem pujat respecte del nivell horitzontal del terra?

Ens interessa el valor de «a». Un raonament plausible -utilitzant el raonament anterior- pot ser el següent:

Com que l'angle és $\alpha = 8,5307°$ i sabem que $\sin(\alpha) = \dfrac{a}{d}$, tenim, doncs:

$$\sin(8,5307) = \dfrac{a}{117}, \text{ és a dir:}$$

$a = 117 \cdot \sin(8,5307) = 117 \cdot 0,14834 = 17,35$ metres.

Si sou aficionats a les manipulacions matemàtiques, combinant les relacions:

$$\tan(\alpha) = \dfrac{\sin(\alpha)}{\cos(\alpha)} \text{ i } \sin^2(\alpha) + \cos^2(\alpha) = 1$$

tenim que:

$$\tan(\alpha) = \dfrac{\sin(\alpha)}{\sqrt{1-\sin^2(\alpha)}} \text{ i, com que } \sin(\alpha) = \dfrac{a}{d},$$

aleshores:

$$\tan(\alpha) = \dfrac{\dfrac{a}{d}}{\sqrt{1-\dfrac{a^2}{d^2}}} = \dfrac{a}{\sqrt{d^2 - a^2}}$$

Si ho substituïm a l'expressió:

26/

$P\% = \tan(\alpha) \cdot 100$ tindrem el percentatge de pendent relacionat amb l'alçada (a) i el recorregut real (d) efectuat, i n'obtindrem la fórmula:

$$\frac{a \cdot 100}{\sqrt{d^2 - a^2}}$$

I, per tant, aïllant la «a» tenim:

$$a = \frac{(P\%) \cdot d}{\sqrt{100^2 + (P\%)^2}}$$

Si tornem a l'exemple anterior, on $d = 117$ i $P\% = 15$, tindrem que s'obté $a = 17{,}35$ metres, com era d'esperar.

Amb tot el que hem exposat, ja podem respondre a la pregunta de la imatge:

Aquest cas (100%) ens indica que per cada 100 metres de desplaçament horitzontal pujaríem una alçada de 100 metres i que, en realitat (per Pitàgores), el nostre comptaquilòmetres marcaria un recorregut de $d = 100 \cdot \sqrt{2}$ metres, essent l'angle d'inclinació de 45°.

Per tancar el tema dels pendents, mostrarem un exemple quotidià que trobem en molts indrets: les escales.

Suposem que tenim una escala amb 13 graons, en què cada graó té 10 cm d'alçada i 40 cm de petjada. Quin pendent te l'escala?

$a = 13x10 = 130$

$b = 13x40 = 520$

$P\% = \dfrac{130}{520} x100 = 25\%$

I si el nombre de graons no fos 13? Evidentment, el resultat seria el mateix. Pensem que el que varia és l'alçada i la longitud recorreguda, però

l'angle és el mateix. Vegem-ho matemàticament. Suposem que hi ha *n* graons; aleshores, tindríem:

$$a = n \cdot 10 \quad \text{i} \quad b = n \cdot 40 \quad \text{i, llavors,} \quad P\% = \frac{n \cdot 10}{n \cdot 40} \cdot 100 = 25\%$$

4. TALES I EL GPS

4.1. El cel, un indret per no perdre'ns

A moltes persones ens fascina mirar el cel. Durant molts anys, la humanitat ha fet prediccions meteorològiques, d'eclipsis, i també s'ha orientat mirant el cel. Actualment, ens orientem també mirant el cel? Què té a veure el GPS amb el cel?

Des de molts anys abans de Crist, ja trobem inquietuds per estudiar el que passa fora del nostre planeta, com explicar i preveure moviments d'estels, quines relacions hi ha entre els diversos elements que s'observen... Un dels referents coneguts més antics en l'observació dels astres és Tales de Milet. Als voltants de l'any 600 aC, Tales de Milet va predir un eclipsi de sol per a l'any 585 aC. i ho va endevinar! Aquest fet li va proporcionar una gran reputació. Sobre Tales de Milet i amb relació a les observacions del cel i els estels, s'explica una anècdota divertida, en què es comenta que Tales va caure en un pou mentre caminava mirant el cel, una senyora que ho va veure li va comentar: «Tant mirar el cel i no et fixes en el que tens als teus peus.» Arran de les seves observacions, Tales va afirmar que la lluna brillava per reflex del sol. Tales també va ser pioner a dividir l'any en estacions i en 365 dies i va descobrir l'Ossa Menor, que considerava la lluna 700 cops més petita que el sol.

28/

Tales de Milet. Va néixer cap a l'any 640 aC i va morir pels voltants de l'any 560 aC. Va viure a Milet (actualment, Turquia). Astrònom, geòmetra i filòsof. És considerat un dels primers filòsofs de la història (el primer dels anomenats *set savis grecs*). Va ampliar i millorar els aspectes geomètrics dels egipcis. El resultat més conegut de les seves descobertes va ser el que es coneix com a *teorema de Tales* (actualment musicat pel grup Luthiers): si dues rectes concurrents són tallades per un sistema de paral·leles, els segments determinats a les rectes concurrents són proporcionals. També va establir que tot cercle queda dividit en dues parts iguals mitjançant l'anomenat *diàmetre*.

S'imaginava la Terra com un disc que surava sobre l'aigua, de manera que el disc tenia incorporada una bombolla d'aire, i l'atmosfera com un element submergit en la part líquida. La superfície —per ell— convexa de la bombolla l'interpretava com el cel i els astres, segons paraules de Tales ,«navegant per la part de dalt». Amb aquestes idees, va establir els resultats mencionats amb relació al cel!

Obra: Teorema de Tales. Luthiers http://www.lesluthiers.org

Si tres o más paralelas,
si tres o más parale-le-le-las,
si tres o más paralelas,
si tres o más parale-le-le-las
son cortadas, son cortadas
por dos transversales, dos transversales
son cortadas, son cortadas
por dos transversales, dos transversales.
Si tres o más parale-le-le-las,
si tres o más parale-le-le-las
son cortadas, son cortadas,
son cortadas, son cortadas.
Dos segmentos de una de estas,
dos segmentos cualesquiera
dos segmentos de una de estas,
son proporcionales
a los dos segmentos correspondientes
de la otra.
Hipótesis:
A paralela a B,
B paralela a C,
A paralela a B, paralela a C, paralela a D,
OP es a PQ,
MN es a NT,
OP es a PQ como MN es a NT,
A paralela a B,
B paralela a C,
OP es a PQ como MN es a NT,
La bisectriz yo trazaré y a cuatro planos intersectaré,
una igualdad yo encontraré: OP más PQ es igual a ST.
Usaré la hipotenusa.
¡Ay! no te compliques, nadie la usa.
Trazaré, pues, un cateto.
Yo no me meto, yo no me meto.

Triángulo, tetrágono, pentágono, hexágono,
heptágono, octógono son todos polígonos
Seno, coseno, tangente y secante,
y la cosecante y la cotangente
Thales, Thales de Mileto.
Thales, Thales de Mileto.

Que es lo que queríamos demostrar.
Quesque loque loque queri queri amos
demos demos demostrar.

4.2. Les matemàtiques del GPS

Probablement desconeixem que, malgrat el pas dels anys, ens continuem orientant gràcies al cel. Els anomenats GPS (sistema de posicionament global) ens determinen la posició d'on som i d'on volem anar a partir d'una xarxa de 28 satèl·lits distribuïts pel cel!

29/ 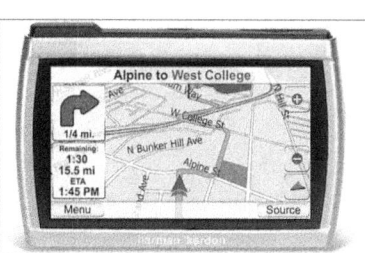 30/

Els orígens es remunten a l'any 1978 –any en què es va llançar el primer satèl·lit de proves– i fou plenament operatiu per l'exèrcit dels Estats Units l'any 1994. Els militars nord-americans van anomenar inicialment el GPS com NAVSTAR i era reservat per a usos militars. A partir del 2 de maig de 2000, es va permetre que l'utilitzés tota la societat civil. El perfil més demanat de GPS és que sigui ràpid i precís, i que tingui una bona cobertura.

Els satèl·lits estan distribuïts en sis òrbites que giren al voltant de la Terra cada 12 hores, a uns 20.000 quilòmetres de la Terra, de manera que cada receptor GPS pot «connectar» en qualsevol moment, i des de qualsevol indret, amb un mínim de quatre satèl·lits. Cada satèl·lit mesura 5 metres de llarg i pesa 860 kg, i funciona amb un sistema de plaques solars. Estan equipats amb un transmissor que pot rebre i emetre senyals codificades i un rellotge (atòmic de cesi) de gran precisió (es retarda 1 segon cada 30.000 anys).

Exposarem un senzill model matemàtic que ens pot mostrar de prop i donar una lleugera idea de com treballa un GPS. Això ens ajudarà a entendre la importància de la matemàtica en aquesta la tecnologia.

La idea matemàtica és determinar un punt P amb algunes condicions. Inicialment, sabem que aquest punt P està situat a una distància, per exemple, de 3 unitats d'un punt A conegut. Notem que qualsevol punt que estigui a una distància de 3 unitats d'A estarà a la circumferència de centre A i radi 3 i, per tant, en principi, qualsevol d'aquests punts és candidat a ser P. També disposem d'informació que P és a una distància, per exemple, de 2 unitats d'un punt B conegut. Notem que els punts que compleixen aquestes condicions estan, respectivament, a la circumferència de centre el punt A i radi 3 i a la circumferència de centre el punt B i radi 2; per tant, estaran simultàniament en les dues circumferències. Amb aquestes condicions tenim dos candidats, P i Q, i no podem concretar quin és el que busquem, caldrà conèixer un tercer punt C que, per exemple, disti 1 unitat d'algun d'aquests punts P i Q, per tal de determinar el punt en qüestió. Els mostrem gràficament la situació:

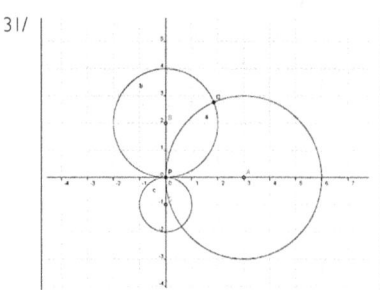

Geomètricament, estem calculant la intersecció de tres circumferències. A l'exemple, el punt A és el (3,0), el B el (0,2) i el C el (0,-1) essent P l'origen de coordenades. La construcció i recerca del punt P és un cas particular del que s'anomena *triangulació*.

Interpretació del model

En el nostre exemple, els punts A, B i C són satèl·lits i el punt P és el punt que introduïm a l'aparell per esbrinar-ne la posició. Per determinar les distàncies, s'utilitza la coneguda relació «*espai recorregut = velocitat x temps*», de manera que l'espai recorregut correspon a la distància recorreguda pels senyals emesos entre l'aparell GPS i cada satèl·lit; el temps del senyal per recórrer aquest trajecte és determinat pels rellotges de l'aparell i els satèl·lits, i la velocitat del senyal és la velocitat de la llum (300.000 km/s); les distàncies són calculades, doncs, per l'aparell. Amb aquesta informació, ja podem calcular P! Cal aclarir que l'aparell GPS, de manera interna, calcula les coordenades de P respecte dels punts A, B, C, i el que mostra en pantalla és la correspondència entre P i el mapa de què disposa el GPS; evidentment, cal actualitzar regularment el mapa per tal de no perdre'ns!

De fet, el que s'anomena *triangulació* consisteix a determinar les distàncies des de cada punt (notem que, en general, A, B, C són tres vèrtexs d'un triangle) al punt P, per tal de calcular explícitament les coordenades d'aquest punt.

$d(P,A) = r_1$ $d(P,B) = r_2$ $d(P,C) = r_3$, on A, B i C són coneguts i les distàncies r_1, r_2, r_3 també són conegudes; geomètricament, estem calculant la intersecció de tres circumferències.

Aquest raonament és el fonament matemàtic en què es basa el funcionament d'un GPS.

En síntesi, i d'una manera més col·loquial, podem afirmar què el GPS localitza automàticament, com a mínim, quatre satèl·lits de la xarxa, dels quals rep uns senyals que indiquen la posició i l'«hora» de cadascun d'ells. Sobre la base d'aquests senyals, l'aparell sincronitza el rellotge del GPS i calcula el retard dels senyals, és a dir, la distància al satèl·lit. Per «triangulació» (determinació de la distància de cada satèl·lit respecte al punt de mesurament), calcula la posició en què aquest es troba. Conegudes les distàncies, es determina fàcilment la pròpia posició relativa respecte als tres satèl·lits. Coneixent, a més, les coordenades o la posició de cadascun d'ells pel senyal que emeten, s'obtenen la posició o les coordenades reals del punt de mesurament. També s'aconsegueix una exactitud extrema en el rellotge del GPS, similar a la dels rellotges atòmics que des de terra sincronitzen els satèl·lits.

Hi ha qüestions de caràcter més tècnic que no tractarem aquí, com són la sincronització horària dels satèl·lits i de l'aparell, el fet que els satèl·lits i «el vehicle en què circulem» estan habitualment en moviment, i que a la realitat estem en tres dimensions (el model matemàtic que hem mostrat està pensat en dues dimensions). Per aprofundir aquests temes, us recomano la web http://gutovnic.com/como_func_sist_gps.htm

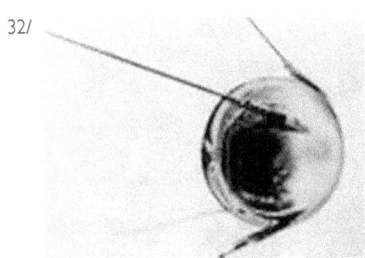

32/

Nota històrica

El 4 d'octubre de 1957, la URSS va aconseguir posar en òrbita el primer satèl·lit artificial, anomenat *Sputnik* (nom que prové del rus i que significa «company de viatge»), dissenyat originàriament per dur míssils balístics. Trigava 95 minuts a fer la volta a la Terra, a una velocitat de 24.500 km/h; pesava 83,6 quilograms i el seu diàmetre era de 58 centímetres. Amb la col·locació d'aquest aparell a l'espai, es marcava un abans i un després en l'astronàutica, i alhora s'encetava una nova etapa tecnològica que obria possibilitats immenses d'explorar l'espai i explicar fenòmens incomprensibles de l'univers.

La sorpresa del llançament de l'Sputnik, seguit de la fallada espectacular dels primers llançaments del projecte americà conegut com a Vanguard, va impactar els Estats Units, els quals van respondre de seguida amb el llançament de diversos satèl·lits, inclosos els que es coneixen com a projecte Explorer. Aquest èxit dels russos va accelerar la creació de la NASA (National Aeronautics and Space Agency) i va fer augmentar les inversions del govern dels EUA en recerca i educació científica.

5. QUINA RELACIÓ HI HA ENTRE JOHANN CARL FRIEDRICH GAUSS, LA MONA DE PASQUA I LES VACANCES DE SETMANA SANTA?

En la nostra cultura, el Dilluns de Pasqua –conegut com el dia de la «mona»– és el dia següent del Diumenge de Pasqua o de Resurrecció (en què es commemora la resurrecció de Jesús). En aquest context, la paraula *mona* procedeix del llatí *munus*, que significa «do o present» i és el tradicional pastís amb què el padrí obsequia cada any el seu fillol. Les mones tradicionals eren simples pans de pessic o coques rodones –*rotllos*– amb ous a sobre, tants com anys tenia el fillol que la rebia, i simbolitzaven la vida i la fertilitat.

És típic que en aquesta data les famílies i els amics es reuneixin –amb el pretext *d'anar a menjar la mona*– per fer un àpat plegats on no manca la carn a la brasa i, sobretot, el bon vi.

Quaranta-nou dies després del Dilluns de Pasqua i deu dies després del Diumenge de l'Ascensió, l'Església catòlica celebra la festa de la Pas-

qua granada, anomenada popularment «segona Pasqua». Es tracta d'una diada solemne, que s'emmarca dins el cicle de festes de commemoració del cicle de passió, mort i resurrecció de Jesucrist. Se celebra en memòria de la vinguda de l'Esperit Sant sobre els apòstols el dia de la Pentecosta jueva, de l'any 30. Si el dia de Pasqua es commemora la resurrecció de Jesús i el dia de l'Ascensió, la seva pujada al cel, el dia de Pasqua granada es commemora el descens de l'Esperit Sant sobre els deixebles de Jesucrist...

I tot això què té a veure amb Gauss i les matemàtiques?

En la comunitat cristiana, des de fa molts segles, hi havia la inquietud de consensuar una data per fixar el dia de Pasqua; per tant, si es coneix quin dia és Pasqua, també es poden fixar, entre d'altres, les dates de la segona Pasqua, el dia de la mona i les festes del carnestoltes. La Quaresma s'enceta el primer dimecres que trobem quaranta dies abans del Diumenge de Pasqua (excloent-ne els diumenges), en concret, l'anomenat Dimecres de Cendra, després del diumenge de Carnaval... I el càlcul del Diumenge de Pasqua permet també saber en quins dies tindrem les esperades «vacances de Setmana Santa»!

L'any 525, finalment, l'Església es va posar d'acord per establir criteris per definir la data de Pasqua, que com sabem és una festivitat variable, que marca la ubicació temporal de la Setmana Santa. Per diverses raons que ara no tractarem amb detall, calia que estigués emmarcada en diumenge, entre els dies 22 de març i 25 d'abril. La pregunta és, doncs, com es calcula quin dia és el Diumenge de Pasqua? En aquest apartat, hi té un paper rellevant en J.C.F. Gauss. Gauss va proporcionar un algoritme, que tot seguit mostrarem, per tal de calcular aquesta data. El mètode que explicarem ens permet esbrinar com calcular la data de Pasqua entre els anys 1583 i 2299. En primer lloc, introduirem uns valors M i N, que varien en funció dels anys, segons la taula següent:

Anys	Valors de M	Valors de N
1583-1699	22	2
1700-1799	23	3
1800-1899	23	4
1900-2099	24	5
2100-2199	24	6
2200-2299	25	0

A continuació, passem a exposar l'algoritme, acompanyat d'un exemple il·lustratiu.

Anomenem A l'any del qual volem calcular la Pasqua; per exemple, considerem l'any 2010. En el nostre cas, A serà 2010 i $M = 24$, $N = 5$

A partir d'A i els valors de M i de N, es defineixen cinc variables a, b, c, d i e com:

1. a serà el residu de dividir A entre 19.
   Si dividim 2010 entre 19, s'obté per quocient 105 i residu 15; per tant, $a = 15$

2. b serà el residu de dividir A entre 4.
   2010, dividit entre 4, té com a quocient 502 i residu 2; per tant, $b = 2$

3. c serà el residu de dividir A entre 7.
   2010 entre 7 té per quocient 287 i per residu 1, llavors, $c = 1$

4. d serà el residu de dividir $(19 \cdot a + M)$ entre 30.
   Si fem $19 \cdot a + M = 19 \cdot 15 + 24 = 309$, que dividit entre 30 té per quocient 10 i residu $d = 9$

5. e serà el residu de dividir $(2 \cdot b + 4 \cdot c + 6 \cdot d + N)$ entre 7.
   $2 \cdot b + 4 \cdot c + 6 \cdot d + N = 2 \cdot 2 + 4 \cdot 1 + 6 \cdot 9 + 5 = 67$, que dividit per 7 dóna $e = 4$

6. Si $,d + e \leq 9$ aleshores Pasqua és el dia $d + e + 22$ de març

   Si $,d + e > 9$ aleshores Pasqua és el dia $d + e - 9$ d'abril

Cal tenir en compte unes excepcions:

a. Si la data obtinguda és el 26 d'abril, aleshores la Pasqua serà el 19 d'abril.

b. Si la data obtinguda és el 25 d'abril, amb $d = 28$, $e = 6$ i $a > 10$, aleshores serà el 18 d'abril.

En el nostre exemple tenim que $d + e = 4 + 9 = 13 > 9$ i, per tant, el Diumenge de Pasqua serà el $d + e - 9 = 13 - 9 = 4$ d'abril.

De la mateixa manera que la Pasqua de 2010 és el 4 d'abril, el lector pot comprovar que el 2008 va ser el 23 de març i que el 2009 va ser el 12 d'abril.

Johann Carl Friedrich Gauss (1777-1855)

Matemàtic alemany. Quan tenia set anys, es van començar a notar les seves habilitats de càlcul i, quan en tenia 10, va descobrir la fórmula de la suma de les progressions aritmètiques; tot sumant molt ràpidament els cent primers nombres naturals, mentalment es va adonar que la suma del primer terme i el darrer, el segon i el penúltim... sempre era constant:

$1, 2, 3, 4..., 97, 98, 99, 100$

$1+100 = 2+99 = 3+98 = 4+97 = ... = 101$

Aleshores, amb els cent primers nombres es poden formar cinquanta parelles, de manera que la solució final s'estableix com el producte: $101 \cdot 50 = 5050$

De fet Gauss acabava de deduir la fórmula que proporciona la suma S_n de n termes d'una progressió aritmètica de la qual es coneix el primer (a_1) i el darrer

$$(a_n) : S_n = \frac{(a_1 + a_n) \cdot n}{2}.$$

Va llegir la tesi doctoral als 22 anys. Entre d'altres aportacions tant de la matemàtica com de la física, va proporcionar l'algoritme que permet calcular la data de Pasqua. Gauss és conegut en l'entorn acadèmic com «el príncep de les matemàtiques».

Qui es podia imaginar que Gauss ens aportaria informació de quins dies seran les vacances de Setmana Santa a uns quants anys vista!

Bé, esperem que les matemàtiques l'ajudin que no faci Pasqua abans de Rams!

6. MATEMÀTICA DOMÈSTICA. ALIMENTACIÓ, DIETÈTICA I NUTRICIÓ

Mostrarem com la matemàtica ens pot aportar coneixements per tal de «fer goig» i enriquir la nostra cultura gastronòmica.

36/

6.1. El menú del dia

Fins no fa gaires anys, quan anàvem a comprar queviures trobàvem els productes d'alimentació de la terra i del mar «acabats de sortir de l'hort», amb una frescor envejable.

El transportador d'angles i els ous!

Poseu un ou al fons d'un recipient amb aigua (on tinguem 4 grams de sal per litre): si és fresc, queda estirat a baix; si té entre 4 i 6 dies, el seu eix s'inclina 20°; si té entre 8 i 10 dies, s'inclina 45° i, finalment, quan no és fresc, acaba flotant a la superfície.

Ve't aquí com un transportador d'angles pot servir per determinar com n'és un ou, de fresc!

(Alsina-Fortuny, Les matemàtiques del consumidor)

Actualment, la majoria de productes els trobem envasats en diversos formats: congelats, precuinats o, si més no, transformats en d'altres productes que recorden «els originals». D'aquesta manera, trobem «sucs» de fruita que no contenen fruita, i peix que no és peix; estem menjant aliments que majoritàriament contenen «colorants i estabilitzants autoritzats». Aquest fet provocat per la globalització ens suggereix que cal que tinguem sentit crític a l'hora d'adquirir els aliments per tal de gaudir d'una alimentació sana, rica en vitamines i equilibrada; altrament, haurem de vigilar la nostra dieta. Per això, ens poden venir bé alguns consells, no tots matemàtics, per tenir cura d'una bona dieta baixa en calories. Suggereixo que observeu la composició dels aliments; les matemà-

tiques ens poden ajudar a mantenir la nostra alimentació en bon estat. A continuació, mostrem un ball de números que ens proporcionen força informació.

Observeu l'etiquetatge dels productes i, en particular, els aspectes següents:

1. La llista d'ingredients i el codi dels additius (elements per allargar la vida del producte o per accentuar-ne l'olor, el color, la textura, el sabor...). Aquest codi està compost per la lletra «E» i tres xifres. Els més habituals són:

   Colorants: E-100 fins a E-199
   Conservants: E-200 fins a E-299
   Antioxidants: E-300 fins a E-321
   Estabilitzants: E-322 fins a E-429
   Emulsionants: E-430 fins a E-499
   Edulcorants: E-421, E-422, d'E-890 a E-960
   Potenciadors del sabor: E-620 fins a E-640

   Personalment, i d'acord amb l'Organització Mundial de la Salut (OMS), recomano que no es consumeixin productes amb més de tres «E», ja que no són adequats per a una bona alimentació. Fixeu-vos en les ofertes i compteu quantes «E» hi ha; de ben segur que fareu una aposta per consumir productes naturals i ecològics!

2. La data de caducitat.

3. La quantitat neta de producte, és a dir: descomptant el gel en productes congelats o d'altres elements, aquesta quantitat pot venir expressada en litres, centilitres, grams, quilograms…

4. Les condicions de tractament i conservació, el país d'origen, la identificació de l'empresa, el número de registre sanitari (principalment, en aliments envasats com la fruita, la verdura, els làctics, la carn...) i, en especial, la informació nutricional.

La informació sobre el país d'origen, la identificació de l'empresa, el productor... és emmagatzemada en el codi de barres: que no ens enganyin! El codi de barres d'un producte alimentari, per tal de detectar errors i possibles falsificacions, compleix un algoritme:
«La suma de tots els dígits que ocupen un lloc senar, més tres vegades la suma de tots els dígits que ocupen un lloc parell (això només amb els dotze primers), més el dígit de control ha de ser un múltiple de 10.»

En el producte que es mostra, que correspon al cafè *Solidario* que comercialitza Intermón, el codi de barres és:
77 52063 20075 2
Observem que no es tracta de cap falsificació, ja que:
$(7 + 5 + 0 + 3 + 0 + 7) + 3(7 + 2 + 6 + 2 + 0 + 5) + 2 = 90 =$ múltiple de 10.

A més de fixar-nos en els codis de barres, cal tenir en compte que una dieta equilibrada ha de contenir aproximadament un 55 % de glúcids o sucres (cereals, llet, llegums, fruita, productes dolços...), un 30 % de lípids

38/

o greixos (oli, margarina, fruits secs...) i un 15 % de proteïnes (carn, ous...), a més de les vitamines i substàncies minerals (en tenen el peix i les verdures, a més dels productes esmentats anteriorment).

Per assolir una alimentació sana, cal menjar les quantitats adequades de tots els aliments que el nostre cos necessita. Els elements esmentats ens proporcionen l'energia necessària perquè funcionin totes les parts del cos i per poder desenvolupar les activitats vitals necessàries (esport, capacitat intel·lectual...). Aquesta energia es mesura habitualment en calories i quilocalories. Aquestes unitats són les que apareixen a les etiquetes.

Es considera que, en estat de repòs –per exemple, dormint o sense fer cap esforç–, per mantenir l'activitat vital necessitem 1 quilocaloria cada hora per cada quilogram de pes, mentre que, en plena activitat física o intel·lectual, potser necessitem 2 quilocalories cada hora per quilogram de pes.

En general, una persona adulta necessita, de mitjana, unes 3.500 quilocalories diàries.

Si, per exemple, considerem el cas d'una persona de 80 kg, que consumeix unes 2 quilocalories durant cada hora del dia (16 hores) i 1 quilocaloria dormint (8 hores), aquesta persona necessita dons: $16 \times 2 + 8 \times 1 = 40$, $40 \times 24 = 3.200$ quilocalories

Si coneixem el valor energètic dels productes, podrem mantenir una dieta equilibrada.

Adjuntem una taula on s'indica el valor energètic d'alguns aliments per cada 100 grams del producte.

Producte	Quilocalories
Pa	283
Llet sencera	65
Llet descremada	46
Carn de vedella	156
Pollastre	109
Ous	148
Llegums	370
Pasta	358
Patates	85
Sucre	400
Pomes	55
Suc de taronja	44

En una dieta equilibrada, cal respectar les proporcions dels nutrients (glúcids, lípids, proteïnes) i no passar-se amb calories!

D'aquesta manera, un àpat que contingui un plat de 200 grams de pasta i 50 grams de pa, consumit per una persona de 80 kg, aportarà –segons el quadre anterior– unes 716 quilocalories provinents de la pasta i 141,5 del pa, en total 857,5 quilocalories. Tenint en compte que la pasta i el pa formen part de la família dels glúcids i suposant que necessitem unes 3.200 quilocalories diàries i que els glúcids representen un 55% dels nutrients necessaris, tenim que el que hem menjat representa un:

$$\frac{857,5}{3.200} \cdot 100 = 26,79\% \text{ de glúcids;}$$

per tant, encara ens manca un (55-26,79=) 28,20 % de glúcids per ingerir durant el dia.

També és important saber quina quantitat de calories es necessiten per a una alimentació sana.

6.2. Càlcul de calories

Ara mostrarem una manera casolana per calcular, aproximadament, les calories necessàries per al bon funcionament de l'organisme.

La quantitat de calories que s'aconsella consumir diàriament és determinada per un factor K, que depèn de la nostra activitat física, multiplicat per l'anomenat *ritme basal metabòlic* (Basal Metabolic Rate, RBM), i el mètode de càlcul va ser desenvolupat a mitjan 1918 per J. Harris i F. Benedict (A biometric study of basal metabolism in man. Washington D.C.: Carnegie Institute of Washington, 1919). La fórmula que varen proporcionar distingeix entre sexes. D'aquesta manera, tenim:

Per als homes:
Quantitat de calories = K x RBM = K x(66,4730+(13,7516 x pes)+ (5,0033 x alçada en centímetres)-(6,7550 x edat))

Per a les dones:
Quantitat de calories = K x RBM=K x (655,0955+(9,5634 x pes)+ (1,8496 x alçada en centímetres)-(4,6756 x edat))

Per estimar els valors del paràmetre **K**, introduïm uns conceptes que ens classifiquen les activitats físiques de les persones:

Entenem per vida *sedentària* les persones que fan poc o gens exercici físic i feines administratives; aleshores, s'estima que **K**=1,2

Considerem una persona *lleugera* la que fa poc exercici físic (un parell de cops a la setmana) en aquest cas, **K** pren el valor de 1,375.

Una persona porta una vida *moderada* si practica alguna activitat física entre 3 i 5 cops per setmana; en aquest cas, $K=1,55$
Una persona es considera *dinàmica* si practica algun esport 6 o 7 cops per setmana; llavors, es pren per $K=1,725$; si la persona és *molt dinàmica* (exercicis diaris i feines de molt esforç), s'estima que $K=1,9$

En síntesi:

Tipus de vida	Valor de k
Sedentària	1,2
Lleugera	1,375
Moderada	1,55
Dinàmica	1,725
Molt dinàmica	1,9

Mostrem un exemple per al perfil d'un home de 50 anys, de 62 kg de pes, amb una alçada de 170 cm. i que no fa cap activitat física ($K = 1,2$).

Aleshores, aplicant la fórmula de Harris-Benedict, tenim:
Quantitat de calories = K x RBM = K x (66,4730 + (13,7516 x pes) + (5,0033 x alçada en centímetres) - (6,7550 x edat)) = 1,2 x (66,4730 + (13,7516 x 62)+(5,0033 x 170)-(6,7550 x 50)) = 1718,25984 calories
Ara que ja sabem calcular les calories que cal consumir en un dia, hem de tenir cura de com es reparteixen. Els dietistes recomanen un 25% a l'esmorzar, un 35% dinar, el 30% per sopar i el 10% restant entre l'esmorzar i el berenar.

Com poden observar, les matemàtiques contribueixen a configurar un bon menú per tal de «fer goig» i mantenir una dieta equilibrada!
I tot això, com influeix en el pes?

6.3. El pes ideal
Probablement, haurem observat en alguna ocasió les xifres de les balances que indiquen el nostre pes i segons la xifra mostrada, potser hem pensat que l'aparell no funciona correctament: no desconfiem de les mesures d'aquests aparells ja que en general funcionen correctament. El problema és que potser tenim un excés de pes!

En aquesta secció, mostrarem com les matemàtiques ens poden aportar informació referent al pes. Hi ha algunes «fórmules» orientatives per determinar el que s'anomena «pes ideal». En mostrarem un parell, la primera ens determina, de manera intuïtiva, el pes que correspon a una persona en funció de la seva alçària. Diu així:

Pes en kg = (el valor numèric de l'alçària mesurada en cm -150) · 0,75 + 50

Utilitzant aquesta fórmula, a una persona de 170 cm d'alçària li correspon un pes de:

$(170-150) \cdot 0,75+50 = 65$ Kg

Un altre criteri per determinar el pes «ideal» d'una persona és calcular l'anomenat *índex de massa corporal* (IMC) que relaciona el pes i l'alçària, i és expressat com:

$$IMC = \frac{Pes\ en\ kg}{quadrat\ de\ l'alçària\ en\ metres}$$

Aleshores, el criteri orientatiu que s'utilitza és:
Si

$20 \leq IMC \leq 24$ Pes Ideal
$25 \leq IMC \leq 30$ Supera Pes Ideal
$IMC \geq 30$ Obes

En el cas citat anteriorment, d'una persona de 65 kg i 1,70 m d'alçària, tindrem que el seu IMC serà:

$$IMC = \frac{65}{(1.70)^2} = 22.49 \text{ per tant, té un pes ideal.}$$

6.4. Un apunt sobre la medicació infantil

En alguns casos, ens cal administrar a infants (menors de 12 anys) algun tipus de medicament. Per posar-ne un exemple, coneixem el clàssic paracetamol en la seva versió per a nens i nenes amb el nom comercial d'Apiretal. A més d'aquest fàrmac, n'hi ha d'altres amb les respectives versions per a adults i per a nens i nenes. En algunes ocasions, ens podem preguntar quina és la dosi que cal administrar a un menor si només disposem de fàrmacs amb la versió per a adults. L'Organització Mundial de la Salut (OMS) ha tabulat la relació entre les dosis d'un adult i d'un menor, que no és una simple relació aritmètica, per tal de facilitar-ne la dosificació. Diu així:

$$Dosis\ nen = \frac{Edat\ x\ Dosis\ Adult}{Edat + 12}$$

D'aquesta manera, si la dosi d'un medicament per a un adult és de 2 mg, a un menor de 8 anys caldrà administrar-li una dosi de $\frac{8 \cdot 2}{8+12} = \frac{16}{20} = 0,8$ mg.

Es considera que, aproximadament a partir dels 12 anys, en alguns medicaments la dosi serà la mateixa per a adults i per a menors. De tota manera aquesta relació només és vàlida per a una tipologia de medicaments, i és aconsellable tenir la recomanació mèdica abans de proporcionar medicaments a menors (i a adults!).

6.5. Una mica de geometria en els estris de cuina

Si anem a la cuina, hi podem trobar objectes com el que mostra la imatge 39.

39/

Una situació usual, sobretot quan som colla, és l'elecció de quina olla té més capacitat per fer una bona quantitat de caldo. Les matemàtiques i, en particular, la geometria, ens ajuden a escollir l'estri més adequat.

Hi ha olles més baixes, més altes...; habitualment les olles tenen forma cilíndrica. La pregunta és: si la quantitat de xapa lateral és la mateixa, les olles tenen la mateixa capacitat? Anem a fer geometria per a la cuina!

Si tenim dos rectangles de la mateixa superfície i en cada rectangle construïm un tipus de cilindre (per exemple, una olla), els cilindres resultants tenen el mateix volum?

En general, les olles porten el diàmetre escrit a la base (per exemple 12, 24, 28, etc.).

Observem la seqüència següent de gràfics cilíndrics. El primer gràfic pot ser el model de dues olles de 12 cm de diàmetre i de 16 cm i d'alçada la primera olla (A), i 24 cm de diàmetre i 8 cm d'alçada la segona olla (B):

Observem que l'àrea lateral de cada olla és la mateixa.

El rectangle que defineix l'olla A té per base $2\pi \cdot 6$ *i alçada 16; per tant, l'àrea és* 192π. *En el cas de B, tenim un rectangle de base* $2\pi \cdot 12$ *i alçada 8; per tant, d'àrea* 192π.

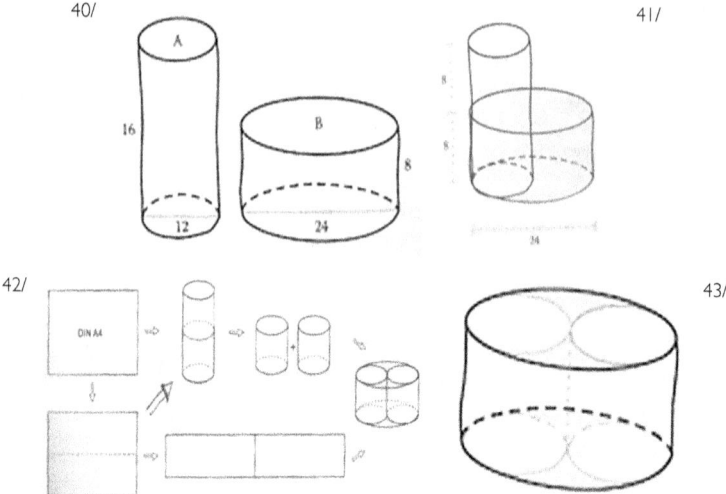

Podem oblidar les relacions matemàtiques anteriors per no atabalar-nos. Ara veurem d'una manera visual (usant paper) que, efectivament, no tenen el mateix volum, malgrat que utilitzem la mateixa quantitat de xapa per construir les olles.

Posem el cilindre A dins el cilindre B.

Si el cilindre A el partim en dos i els col·loquem com mostra la figura següent, veurem que el volum del cilindre B és més gran que el del cilindre A. Per tant, escollirem l'olla «més ampla i baixa».

Com ho podem demostrar de manera domèstica sense emprar les fórmules de matemàtiques que ens varen ensenyar a l'escola quan érem petits?

Aquest fet el podem visualitzar amb un parell de DIN A4 i construint els cilindres tal com s'indica:

Observeu que cada olla té la mateixa superfície lateral (les dues superfícies són de la mateixa grandària: dos DIN A4).

Per tant, si volem fer menjar per a força gent, les matemàtiques aconsellen cuinar amb l'olla més baixa.

El lector es pot entretenir a «jugar» matemàticament amb d'altres elements del rebost de casa, com ara els envasos (llaunes, brics, plats...) i alhora descobrir quines matemàtiques tenim a la cuina de casa.

6.6. Una mica d'aigua...

En l'àmbit domèstic, tampoc les matemàtiques no estan renyides amb la sostenibilitat i l'estalvi energètic, en particular en el consum racional d'aigua.

Mostrarem algunes quantificacions numèriques que caldrà tenir en compte per a l'estalvi d'aigua i tot un seguit de recomanacions útils d'estalvi. El lector pot ampliar la informació a la web <www.gencat.net/aca>.

Vegem una petita taula indicativa del consum d'aigua en un domicili:

Acció/aparell	Consum diari cada cop que s'utilitza
Accionar el tanc de la cisterna del WC	6-10 litres
Rentar-nos les mans a l'aixeta	5 litres
Omplir la banyera	200-300 litres
Dutxar-nos	40-60 litres
Fer una rentadora	100-200 litres
Fer un rentavaixelles	17-30 litres
Cuinar i beure	10 litres
Netejar la casa	10 litres

Un habitatge estàndard en un edifici de pisos consumeix una mitjana de 130 litres d'aigua per persona i dia. Si és una casa unifamiliar amb jardí, el consum per persona supera els 200 litres diaris.

Si una aixeta deixar anar una gota cada 2 segons, la despesa és de 500 litres cada mes, és a dir, 6.000 litres cada any. I si l'aixeta perd «un fil d'aigua» constantment, el consum és de 3.000 litres al mes, és a dir 36.000 litres a l'any.

Sovint, la quantitat d'aigua també es mesura en metres cúbics (m^3). Recordem que 1 m^3 d'aigua són 1.000 litres d'aigua.

Amb les dades numèriques que hem mostrat, podem donar alguns petits consells de sentit comú per tal d'estalviar aigua:

1. Tanqueu bé les aixetes quan no les utilitzeu i tingueu cura que no gotegin.
2. No obstruïu el vàter amb objectes inapropiats, perquè es pot embossar.
3. Feu servir més la dutxa i menys la banyera.
4. Repareu al més aviat possible les aixetes o cisternes del vàter que perdin aigua.
5. Feu servir la rentadora o el rentaplats amb la càrrega completa i utilitzeu sempre que sigui possible els programes «ecològics» i «d'estalvi energètic».
6. Informeu-vos de les actuals cisternes de vàter amb doble descàrrega: estalviareu un 50% en les descàrregues.

D'aquesta manera, minimitzarem el consum d'aigua i n'obtindrem uns resultats òptims. D'aigua, mai no en sobra. Fem-ne un bon ús!

6.7. La mida de la roba

Habitualment, els ciutadans anem a comprar roba, sobretot en èpoques de rebaixes. Les matemàtiques, i en particular l'art de mesurar, ens ofereixen consells i informació útil per tal d'adquirir la peça adequada al nostre cos. Per aquest motiu, en diverses ocasions ens preguntem: quina talla ens cal?

La nostàlgia ens fa enyorar el sastre tradicional que ens passava «el metro» pel coll i, tot seguit, ens indicava si ens calia una talla 22 de camisa o bé una talla 21. Actualment, fruit de la globalització, cada vegada proliferen més unes mesures estranyes en el vestir. Ara ja no gastem ni un 43 de sabates, ni un 22 de camisa, ni un 40 de pantalons; ara tots estem «tallats pel mateix patró», gastem una M, o una XL, o

una L. Què volen dir aquestes lletres? Quina relació tenen amb la nostra silueta?

En funció del sexe i de les mesures pròpies de cada gènere, tenim el criteri següent d'aproximació:

47/

Talla	Medida
S	51 cm
M	54 cm
L	59 cm

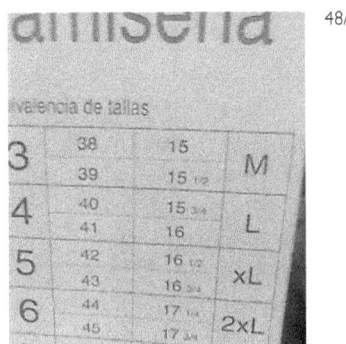

48/

- Dones

Pit	Cintura	Maluc	Talla tradicional	Talla en lletres
82-85	64-67	89-92	38	S
86-89	68-71	93-96	40	S
90-93	72-75	97-100	42	M
94-97	76-79	101-105	44	M
98-102	80-84	106-110	46	L
103-106	85-89	111-115	48	L
107-111	90-95	116-120	50	XL
112-116	96-100	121-125	52	XL
117-121	101-105	126-130	54	XXL

- Homes

Part superior:

Cintura	Talla tradicional	Talla en lletres
85-92	48	S
93-100	50	M
101-108	52	L
109-116	54	XL
117-124	56	XXL

Part inferior:

Cintura	Talla tradicional	Talla en lletres
79-82	40	S
83-86	42	M
87-90	44	M
91-94	46	L
95-98	48	L
99-102	50	XL
103-106	52	XXL

6.8. Les mesures de les sabates

Com a consumidors, habitualment també anem a comprar sabates. De la mateixa manera que ens trobem amb diverses talles de roba de vestir (M, L...), amb el calçat també hi han diverses tipologies de numeració. Els nombres que ens indiquen la grandària del peu són possibles gràcies a la matemàtica. En mostrarem les equivalències principals.

Hi ha diferents tipus de numeració de calçat:
- Francesa: A principi del segle XIX (època de Napoleó), una mesura usual de la llargada del peu era «el punt de París». Aquesta unitat de mesura equivalia a 0,6667 cm. Aleshores, 40,5 punts equivalien a $40,5 \cdot 0,666 = 27$ cm. Per passar de centímetres a punts, cal dividir la quantitat de centímetres entre 0,666; d'aquesta manera, 27 cm seran $27 : 0,666 = 40,50$ punts.
- Anglesa: Durant el regnat d'Eduard II, es va establir la polzada per mesurar la longitud dels peus (tres grans de civada eren, aproximadament, una polzada). El motiu principal era que un peu estàndard era de 12 polzades. La relació entre polzades i centímetres és: 1 polzada = 2,54 cm; per tant, «un peu» seran 30,48 cm.

S'introdueix com a unitat de mesura anglesa la longitud d'un gra de civada, és a dir, 1/3 de polzada (0,846 cm); mitja polzada serà, doncs, 0,423 cm.

El sistema anglès comença amb les sabates de 22 cm, que es coneix com la talla (size) 1, i va augmentar successivament en intervals de polzada. D'aquesta manera, s'obté l'equivalència:

La talla 1 anglesa o size 1 són 22 cm = 33 punts francesos

La talla 2 anglesa o size 2 correspon a $22 + 1 \cdot 0,846 = 22,846$ cm = 34,30 punts

La talla 3 anglesa o size 3 és de $22 + 2 \cdot 0,846 = 23,692$ cm = 35,57 punts

En general, la talla k anglesa fa $22 + (k-1) \cdot 0{,}846 \, \text{cm} = \dfrac{22 + (k-1) \cdot 0{,}846}{0{,}666}$ punts francesos.

Si teniu un peu de llargada aproximada de 27 cm, necessitareu unes sabates de la size 7 anglesa o una aproximada de 40,65 punts francesos. En el sistema de talles americà, la numeració comença 0,11 cm abans que l'anglès. Amb això, tenim la taula següent d'equivalències:

49/

Sistema mètric	22	23	24	25	26	27	28	29	30	31	32	33	34	35	36
Size francesa	33	34	35	36	37	38	39	40	41	42	43	44	45	46	47	48	49	50	51	52	53	54
Size anglesa	1	2	3	4	5	6	7	8	9	10	11	12	13	14	15	16	17
Size EE.UU.	1	2	3	4	5	6	7	8	9	10	11	12	13	14	15	16	17	18

7. LA IMPORTÀNCIA DELS PETITS CANVIS

Recordeu els sistemes d'equacions lineals? Observeu atentament aquests dos models de sistemes:

1. $\left. \begin{array}{l} 27{,}31 \cdot X + 12{,}21 \cdot Y = 2 \\ 36{,}23 \cdot X + 16{,}2 \cdot Y = 8 \end{array} \right\}$

2. $\left. \begin{array}{l} 27{,}31 \cdot X + 12{,}22 \cdot Y = 2 \\ 36{,}23 \cdot X + 16{,}2 \cdot Y = 8 \end{array} \right\}$

Com podeu observar, són dos sistemes d'equacions lineals de la tipologia que vàrem estudiar a l'escola. Si ens hi fixem bé, notarem que la diferència entre ells radica en el coeficient que acompanya la «y» a la primera equació de cada sistema; en un d'ells apareix 12,21 i en l'altre, 12,22. Aquesta «petita» diferència pot canviar substancialment les solucions? Si grafiquem les equacions, tindrem:

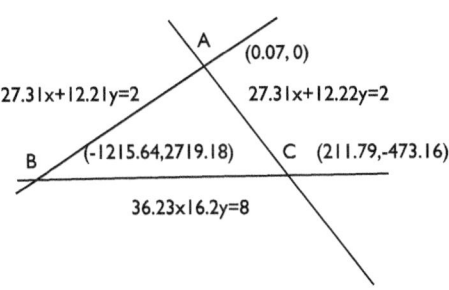

Podem observar que les solucions són:

Solució 1: (-1.215,64, 2.719,18)

Solució 2: (211,79, -473,16)

El lector també es pot entretenir a resoldre els sistemes d'equacions pels mètodes usuals i comprovarà que els resultats de cada sistema són absolutament diferents. Sorprenent!

Petites variacions poden comportar grans canvis. El model presentat pot simular una petita excitació en els valors dels components de circuits electrònics, que poden provocar sorolls, interferències..., o bé indicadors dels canvis climàtics...

En l'àmbit domèstic, podem visualitzar aquests canvis experimentant amb l'aigua que surt d'una aixeta, si inicialment l'obrim lentament –gotejarà– i, tot seguit, una miqueta més: en sortirà un cabdal regular. Finalment, si pertorbem molt poc el flux d'aigua amb una petita cullera, notarem que «es desgavella», que hi ha turbulències...

...el seu moviment és caòtic.

Situacions anàlogues les trobem en apagar una espelma: inicialment hi ha un filet de fum que segueix durant uns centímetres una harmonia i, posteriorment, observem que adopta formes de corbes complicades i sense «cap ni peus».

Aquest és l'origen de la branca anomenada «caos».

50/

51/

52/

7.1. L'efecte papallona

El moviment de les ales d'una papallona a Barcelona pot provocar un terratrèmol a Texas?

Les petites variacions (molt petites!) de les condicions que es poden plasmar en una situació sovint provoquen grans canvis en els resultats i, per tant, en el comportament dels fenòmens que s'esdevenen. Això es pot comprovar en l'exemple del sistema d'equacions que hem mostrat. Aquest fenomen es coneix, en el llenguatge col·loquial, com «efecte papallona». La idea és, doncs, que a partir d'unes condicions inicials d'una situació determinada, la més mínima variació en pot provocar resultats imprevisibles. L'efecte papallona es contextualitza dins la branca de la matemàtica anomenada «teoria del caos».

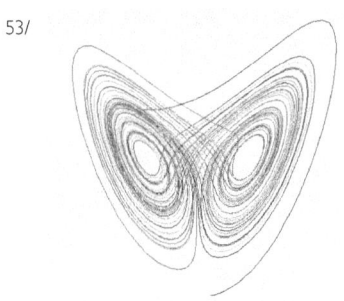

53/

Pels volts de l'any 1960, el matemàtic Edward Norton Lorenz (1917-2008), professor del MIT, es va dedicar a estudiar fenòmens meteorològics. Lorenz va treballar en la recerca de models matemàtics (en concret, conjunts d'equacions) que li permetessin, mitjançant simulacions amb ordinador, predir el comportament de grans masses d'aire i poder realitzar prediccions climàtiques. Lorenz, l'any 1963, va trobar que aquest model estava configurat per tres equacions que teníem en compte les temperatures i el flux d'aire. Lorenz va descobrir que el seu model era molt sensible a les condicions inicials, és a dir: només canviant lleugerament el valor d'un decimal, se n'alteraven substancialment els resultats previstos. Aquest fet va porta Lorenz a pensar que calia tenir en compte que «el moviment de les ales d'una papallona a Pequín pot provocar una tempesta a Nova York»; aquest exemple hipotètic el va utilitzar per il·lustrar les seves teories. Cal afegir que Lorenz es va inspirar en les gràfiques dels seus treballs per proposar aquest exemple, ja que tenien la forma de les ales d'una papallona en moviment.

Com a conseqüència, podem afirmar que situacions com la determinació del temps, el canvi climàtic, l'evolució dels mercats de valors... són molt difícils de predir. De fet, ens atrevim a afirmar que Lorenz és la persona que va consolidar la teoria del caos. El lector pot consultar el magnífic llibre de Lorenz *L'essència del caos*, on explica amb tot detall aquesta fascinant teoria.

8. EL PREU DEL DINER

Habitualment, als ciutadans els cal «comprar diners», tant per a l'adquisició d'un habitatge com per comprar articles de consum; estem parlant de les anomenades hipoteques i dels préstecs personals.

Realment sabem què ens costa un crèdit? Hi ha moltes ofertes de les diverses entitats bancàries. Mostrarem «la fórmula» que utilitzen generalment les entitats financeres per «vendre'ns els diners». El model utilitzat es coneix, en l'àmbit de la matemàtica financera, com el *mètode francès*. En aquest model, la majoria d'interessos del préstec es paguen a l'entitat durant les primeres quotes, de manera que si volem cancel·lar el crèdit en algun moment de la seva vida ens trobarem que el banc ja n'haurà obtingut els beneficis.

Si teniu a mà un contracte de crèdit, podeu observar que en aquest document, barrejada amb la lletra petita, hi ha una expressió matemàtica que «ens informa» del cost del diner que demanem. A la imatge mostrem un extracte d'aquest document. (Fig.54)

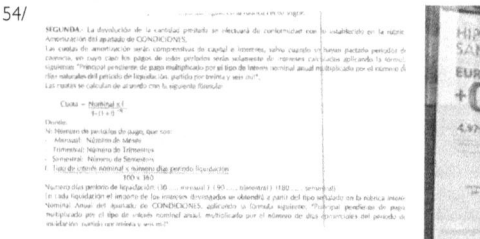

54/

La fórmula en qüestió ens indica la quantitat que hem de pagar regularment (anualitat) –usualment, cada mes- en funció de l'anomenat *interès* i de la temporalització del crèdit. Diu així:

$$a = C_0 \left(\frac{i}{1-(1+i)^{-n}} \right), \text{ on } i = \frac{r}{m}$$

Què vol dir cada «lletra» de la fórmula?

C_o = capital demanat o nominal
m = nombre de períodes de liquidació en 1 any
n = nombre total de períodes
r = rèdit avaluat en tant per 1
i = interès = r/m
a = anualitat = quantitat que paguem en cada període = capital amortitzat + interès = CA + I
Aquests valors estan relacionats per l'expressió:

$$a = C_0 \left(\frac{i}{1-(1+i)^{-n}} \right), \text{ on } i = \frac{r}{m}.$$

D'on surt aquesta relació?

Inicialment, suposarem tres períodes:

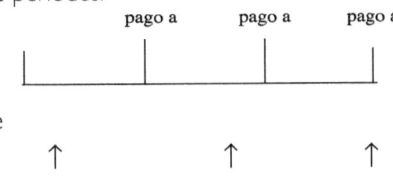

es paga al final del període

a $(1+i)^2$ a $(1+i)^1$ a $(1+i)^0$ = a

A dalt l'exponent és un 2 perquè falten dos períodes.
Es tracta de trobar un valor de a per tal que al primer període el valor del diner representi: a $(1+i)^2$

En general:

Per a *n* períodes, el banc vol una quantitat en cada període que li representi:

a $(1+i)^{n-1}$ el primer pagament

a $(1+i)^{n-2}$ el segon pagament
....

a $(1+i)^{n-n}$ = a el n-èsim i darrer pagament

És a dir:

El valor que el banc vol és un valor *a* tal que

$$a(1+i)^{n-1} + a(1+i)^{n-2} + a(1+i)^{n-3} + \ldots + a(1+i) + a$$

li resulti $C_0 \ (1+i)^n$
↓ ↓

$a(1+i)^n - 1 / i \ ; \quad$ tenim $C_0(1+i)^n = a(1+i)^n - 1 / i \ \rightarrow a = C_0 [\ i / 1 - (1+i)^{-n}]$

Per aclarir una mica tot plegat, mostrarem un exemple d'una taula d'amortització (taula que plasma el capital pendent i el que paguem cada mes).

Siguin C_0 el capital inicial i a la quantitat que es paga cada mes (anualitat); recordem que a = capitat amortitzat+interès = CA+I

En el primer període, tindrem:
Anualitat = a
Interès = $I_1 = C_0 \, i$
Capital amortitzat = CA_1 = a- I_1
Capital pendent = $C_1 = C_0 - CA_1$

En el segon període, tindrem:
Anualitat = a
Interès = $I_2 = C_1 \, i$
Capital amortitzat = CA_2 = a- I_2
Capital pendent = $C_2 = C_1 - CA_2$

En el tercer període, tindrem:
Anualitat = a
Interès = $I_3 = C_2 \, i$
Capital amortitzat = CA_3 = a- I_3
Capital pendent = $C_3 = C_2 - CA_3$

En general:
Anualitat = a
Interès = $I_n = C_{n-1} \, i$
Capital amortitzat = CA_n = a- I_n
Capital pendent = $C_n = C_{n-1} - CA_n$

Aquest algoritme ens permet, amb l'ajut d'una calculadora —o bé de l'entorn Excel— calcular el que pagarem cada mes per un crèdit.

Per fixar idees, suposem que demanem un crèdit de 16.000 euros que hem de retornar mensualment durant tres anys, amb un interès del 8%. Tenim, doncs:

$C_0 = 16.000$, $n = 36$, $m = 12$, interès = 8% (és a dir: $r = 0,08$). Amb aquestes dades, la fórmula anterior i l'ajut d'una calculadora, ja podem construir la taula d'amortització.

Com observen a la taula, la quota mensual, és de 501,38 euros; per tant, hem pagat
501,38 x 36 = 18.049,68 euros, és a dir, disposar de 16.000 euros ens ha costat 2.049,68 euros.
I l'anomenada *taxa anual equivalent* (TAE)?

$$TAE = (1+\frac{r}{m})^m - 1;$$ a l'exemple, s'obté 0,0829995, és a dir : un 8,29%

A l'hora de demanar un crèdit, cal tenir en compte d'altres despeses: comissió d'obertura i de cancel·lació, comissió d'estudi, assegurances, TAE...
Per tant, cal que fem servir les matemàtiques per tal que no enganyin, i comparar diferents ofertes i comissions de diverses entitats abans de demanar un préstec.

m	n	r	i=r/m	C0	a=C0*(i/ (1-(1+i)^(-n)))	Interès	Cap. amortitzat	Cap. pendent
1	12	36	0,08	0,00666667	16000	501,3818474	106,666667	394,7151807	15605,285
2	12	36	0,08	0,00666667	16000	501,3818474	104,035232	397,3466153	15207,938
3	12	36	0,08	0,00666667	16000	501,3818474	101,386255	399,9955927	14807,943
4	12	36	0,08	0,00666667	16000	501,3818474	98,7196174	402,66223	14405,280
5	12	36	0,08	0,00666667	16000	501,3818474	96,0352025	405,3466448	13999,934
6	12	36	0,08	0,00666667	16000	501,3818474	93,3328916	408,0489558	13591,885
7	12	36	0,08	0,00666667	16000	501,3818474	90,6125652	410,7692822	13181,115
8	12	36	0,08	0,00666667	16000	501,3818474	87,8741033	413,5077441	12767,608
9	12	36	0,08	0,00666667	16000	501,3818474	85,117385	416,2644624	12351,343
10	12	36	0,08	0,00666667	16000	501,3818474	82,3422886	419,0395588	11932,304
11	12	36	0,08	0,00666667	16000	501,3818474	79,5486916	421,8331558	11510,471
12	12	36	0,08	0,00666667	16000	501,3818474	76,7364705	424,6453769	11085,825
13	12	36	0,08	0,00666667	16000	501,3818474	73,9055013	427,476346	10658,349
14	12	36	0,08	0,00666667	16000	501,3818474	71,055659	430,3261884	10228,023
15	12	36	0,08	0,00666667	16000	501,3818474	68,1868178	433,1950296	9794,828
16	12	36	0,08	0,00666667	16000	501,3818474	65,2988509	436,0829965	9358,745
17	12	36	0,08	0,00666667	16000	501,3818474	62,3916309	438,9902164	8919,754
18	12	36	0,08	0,00666667	16000	501,3818474	59,4650295	441,9168179	8477,838
19	12	36	0,08	0,00666667	16000	501,3818474	56,5189174	444,86293	8032,975
20	12	36	0,08	0,00666667	16000	501,3818474	53,5531645	447,8286829	7585,146
21	12	36	0,08	0,00666667	16000	501,3818474	50,56764	450,8142074	7134,332
22	12	36	0,08	0,00666667	16000	501,3818474	47,5622119	453,8196355	6680,512
23	12	36	0,08	0,00666667	16000	501,3818474	44,5367477	456,8450997	6223,667
24	12	36	0,08	0,00666667	16000	501,3818474	41,4911137	459,8907337	5763,776
25	12	36	0,08	0,00666667	16000	501,3818474	38,4251754	462,9566719	5300,820
26	12	36	0,08	0,00666667	16000	501,3818474	35,3387976	466,0430498	4834,777
27	12	36	0,08	0,00666667	16000	501,3818474	32,231844	469,1500034	4365,627
28	12	36	0,08	0,00666667	16000	501,3818474	29,1041773	472,2776701	3893,349
29	12	36	0,08	0,00666667	16000	501,3818474	25,9556595	475,4261879	3417,923
30	12	36	0,08	0,00666667	16000	501,3818474	22,7861516	478,5956958	2939,327

9. ANEM A VOTAR?

«Els científics s'esforcen per fer possible allò que potser és impossible. Els polítics, per fer que allò que és possible sigui impossible.» (Bertrand Russell)

Alguns ciutadans tenen la sort que poden anar a votar, però d'altres no. Massa sovint, en algun indret de l'Estat espanyol, encara no es permet el dret de vot a tots els ciutadans (per exemple, a Euskadi). El que sí que és cert és que darrere de cada escenari electoral hi ha la presència de les matemàtiques: l'aritmètica electoral. D'ençà molts anys, els polítics tenen serioses inquietuds per canviar la llei electoral; hi ha diverses tipologies de sistemes de repartiment d'escons. No entraré en detalls tècnics dels diferents contextos, però sí que vull mencionar el paper d'aquesta aritmètica electoral, que a vegades pot fer trontollar escons.

Ens centrarem a descriure dos mètodes usuals a escala internacional; ambdós exigeixen, que, per obtenir un escó, cal aconseguir un mínim del 3% dels vots totals. El primer mètode és la llei D'Hondt (polític belga, 1841-1901) i el segon és d'André Sainte-Laguë (matemàtic francès, 1882-1950). La llei D'Hondt s'utilitza majoritàriament a l'Europa occidental i la de Sainte-Laguë a Nova Zelanda, Noruega, Suècia, Dinamarca, Letònia i en alguns indrets d'Alemanya. Presentarem els dos mètodes considerant una taula de resultats, en què el nombre total de columnes serà el nombre de partits o coalicions que es presenten, i el nombre de files serà la quantitat d'escons a repartir (que denotem n). A la primera filera, posarem la quantitat de vots de cada partit i, a les altres, els resultats numèrics d'aplicar la fórmula D'Hondt o Sainte-Laguë; finalment, dels resultats de la taula, n'escollim els n valors més grans, i això ens donarà el nombre de representants de cada partit.

55/

D'Hondt: a la primera fila, col·loquem els vots dels partits que han aconseguit més del 3% del total. Després, a les columnes successives cap avall, dividim els vots per 1, 2, 3... fins al nombre total d'escons (n) i anem assignant els escons per prioritats en ordre decreixent. Formalment, el que fem és aplicar la fórmula: $\dfrac{V}{k}$ on V és el nombre total de vots de cada partit i k varia d'1 fins a n, és a dir: a la primera fila dividim per 1, a la segona per 2, a la tercera per 3...

Sainte-Laguë: fem exactament el mateix que amb D'Hondt, però a la primera filera dividim per 1, a la segona per 3, a la tercera per 5... Formalment, apliquem la fórmula $\dfrac{V}{2k-1}$, on k pren els valors 1,2,3...

Intuïtivament, Sainte-Laguë beneficia els partits amb menys vots.

Per il·lustrar els dos mètodes, mostrem com quedaria la composició de l'Ajuntament de Vilanova i la Geltrú aplicant-hi els dos mètodes, segons els resultats obtinguts a les eleccions municipals de l'any 2007. (font: http://www.vilanova.cat/app/eleccions/historic/res_med.asp?i=142&t=1).

A Vilanova i la Geltrú s'aplica la llei D'Hondt i el nombre total de regidors és de 25.

Les dades del cens electoral i la participació van ser:

Cens electoral:	46.368	
Meses:	64	
Votants:	23.784	51,29%
Abstenció:	22.584	48,71%
Vots vàlids:	23.669	99,75%
Vots nuls:	115	0,25%
Vots en blanc:	711	3,00%
Vots a candidats:	22.958	97,00%

Usant Hond

PSC	CiU	PP	IC	ERC	CUP	CC	e-Vilanova
8023	7274	1993	1939	1558	1366	570	235
...	...	...	...	...	...	...	...

Usant Sainte-Lague

PSC	CiU	PP	IC	ERC	CUP	CC	e-Vilanova
8023	7274	1993	1939	1558	1366	570	235
...	...	...	...	...	...	...	...

En síntesi, tindríem:

Partit	Nre. de regidors segons D'Hondt	N° regidors segons Sainte
PSC	10	8
CiU	9	8
PP	2	2
IC	2	2
ERC	1	2
CUP	1	2
Ciudadanos	0	1
e-Vilanova	0	0

Observem que l'escenari polític pot canviar substancialment en funció de la fonamentació matemàtica utilitzada. Ens posarem d'acord algun dia per canviar la llei electoral? Es tindrà en compte l'aritmètica i la proporció-representació justa? Les abstencions es traduiran en escons buits?

10. LA COMUNITAT DE VEÏNS I LES EQUACIONS DE SEGON GRAU

Mostrarem un exemple de com les equacions de segon grau esdevenen un model quotidià en algun aspecte del tarannà del dia a dia. Recordeu les equacions de segon grau? Potser vagament tenim un lleuger record d'aquest nom i àdhuc de l'expressió que ens en donava les solucions. L'aspecte genèric de l'equació de segon grau és una expressió de la forma:

$ax^2 + bx + c = 0$, i les solucions es calculen usant la fórmula:

$$x = \frac{-b \pm \sqrt{b^2 - 4ac}}{2a}$$

Ho il·lustrarem amb un exemple, contextualitzat en una hipotètica comunitat de veïns, on es plasma la utilitat d'aquesta eina.

Una comunitat de veïns vol canviar el pany de seguretat de la porta principal; el seu cost és de 160 euros, i un dels veïns no hi està d'acord i no vol pagar. Aleshores, a cada veí li costa 8 euros més del previst. Quants veïns participen en la compra?

Anomenem x el nombre total de veïns que hi ha (comptant el que no vol pagar); aleshores tocaria a cadascú $\frac{160}{x}$ euros.

Com que el nombre de veïns que paguen és $x-1$, tenim que cada veí dels que col·laboren pagarà $\frac{160}{x} + 8$. Per tant, podem establir la relació:

(el nombre de veïns que paguen) · (el que paga cadascun) = 160 euros

que, traduït a llenguatge algebraic, resulta:

$(x-1) \cdot (\frac{160}{x} + 8) = 160$; fent operacions, s'esdevé: $8x^2 - 8x - 160 = 0$

Simplificant l'expressió, tenim: $x^2 - x - 20 = 0$, que usant la fórmula mostrada anteriorment per resoldre les equacions de segon grau té per solució els valors -4 i 5.

Escollim el valor 5, ja que per la situació tractada el valor -4 no té sentit.

Amb aquesta dada, tenim que hi ha 5 veïns, dels quals només en paguen 4. Si hi fossin tots, tocaria pagar $\frac{160}{5} = 32$ euros a cadascú, però, com que no és el cas, cada veí que participa de la compra pagarà 40 euros.

El lector pot comprovar com les matemàtiques i les «oblidades» equacions de segon grau ens ajuden en els «comptes» de la comunitat de propietaris.

Matemàticament parlant, s'ha establert el que s'anomena *model matemàtic d'una situació*. En el nostre cas, la situació és la inquietud de la comunitat per esbrinar quina quantitat ha de pagar cada veí. El model matemàtic seria la traducció del «problema» a una expressió matemàtica —pas del llenguatge verbal al llenguatge científic—, que en el nostre cas és l'equació $x^2 - x - 20 = 0$. Tot seguit, entrem en la fase de resolució i, finalment, tenim el que s'anomena *interpretació de les solucions* (en el nostre cas, escollim òbviament el valor de $x = 5$).

11. AUTOBUSOS, CITES I RAJOLES

En aquesta secció, oferim una petita mostra de com en poden ser, d'útils, uns conceptes que vàrem aprendre de petits a l'escola i que potser tenim oblidats. Recorden el màxim comú divisor i el mínim comú múltiple? Ben segur que aquests noms ens resulten vagament familiars. Mostrarem amb alguns exemples com aquests conceptes ens acompanyen en el tarannà quotidià.

11.1. L'autobús

Dues línies d'autobusos (L1 i L2) surten d'una parada P a les 8 del matí. Els autobusos de la línia L1 els indicarem per A i els de la línia B els indicarem per L2. La freqüència de pas per la parada P és de 12' per a l'autobús A i de 18' per a l'autobús B.

Ens interessa saber quan tornaran a coincidir el bus A i el B en aquesta parada P?

Utilitzant el compte «de la vella», podem esquematitzar el problema com:

Horaris de pas del bus A per la parada P	Horaris de pas del bus B per la parada P
Sortida: 8 del matí	Sortida: 8 del matí
8h 18'	8h 12'
8h 36'	8h 24'
8h 54'	**8h 36'**
8h 72'= **9h 12'**	8h 48'
9h 30'	8h 60'=9h
9h 48'	**9h 12'**

56/  57/

S'observa que coincideixen cada 36'. La primera hora que es trobaran a la parada els dos simultàniament serà a les 8h 36' i després a les 9h 12', i així successivament cada 36 minuts. Aquest raonament que ens proporciona com a resultat el 36 s'explica perquè és el més petit dels múltiples que coincideixen de 18 i 12. Si calculem aquests múltiples, obtenim:

Múltiples de 18 = 18, 36, 54, 72,....

Múltiples de 12 = 12, 24, 36, 48, 60, 72...

Observem que, amb aquesta propietat *de ser el més petit dels múltiples coincidents,* s'obté efectivament el 36. Això, en matemàtiques, té un nom: el mínim comú múltiple de 18 i 12, que s'indica mcm (12,18).

Recordem breument com es calculava:

Sabem que un nombre primer és aquell que només és divisible per ell mateix i per la unitat (el 5 és primer, però el 6 no). Descomponem els nombres com a producte dels seus divisors primers positius, tal com indiquem:

$18 = 3^2 \cdot 2$ i $12 = 2^2 \cdot 3$, i per al càlcul utilitzem la «regla» d'escollir «els comuns i no comuns amb el màxim exponent», és a dir: mcm(12,18)= $2^2 \cdot 3^2 = 36$

11.2. La cita

Un bon dia, un noi i una noia coincideixen en un tren; els dos sempre agafen el mateix tren per viatjar i a la mateixa hora. Sabem que el noi agafa aquest tren cada 5 dies i que la noia l'agafa cada 6 dies. Al cap de quants dies tornaran a coincidir?

Enumerem els dies que agafa el tren el noi: 5, 10, 15, 20, 25, 30, 35, 40, 45...
Ara escrivim els dies que l'agafa la noia: 6, 12, 18, 24, 30, 36, 42...
Observem que coincidiran novament al cap de 30 dies, comptats a partir de la darrera trobada.

Ho poden calcular també fent la descomposició en producte de factors primers:
$6 = 2 \cdot 3$
$5 = 5$
i cercant el mínim comú múltiple tenim que mcm(5,6) = $2 \cdot 3 \cdot 5 = 30$

11.3. Les rajoles

Suposem que tenim una habitació que mesura 3 metres de llargada i 2,5 metres d'amplada, que volem enrajolar amb plaques quadrades de fusta de les dimensions més grans possibles i de manera que omplin tot el terra i no sobri cap tros per omplir. Quina mesura han de tenir aquestes rajoles? Quantes plaques necessitarem?

Volem el mínim de plaques quadrades possibles. Si agafem plaques de 2,5 metres, ja es veu que sobrarà algun tros... Cal, doncs, que les agafem més petites!

58/

Per contestar la qüestió, unificarem les unitats de mesura i treballarem amb centímetres, és a dir, les mides són de 300 centímetres i de 250 centímetres. És obvi que el que cal calcular és el màxim dels divisors comuns (per tal d'obtenir la rajola més grossa possible) de 250 i de 300. Podem fer un raonament similar a l'anterior i veurem que el 5 és el nombre més gran que divideix els dos valors considerats. Aquest valor s'anomena *màxim comú divisor* de 250 i de 300, que indiquem mcd (250,300) = 5.

Ho recordem?

Per calcular el màxim comú divisor, la «regla» és «només comuns amb el mínim exponent». Aleshores, si la descomposició en factors primers de cada nombre és: $250 = 5^3 \cdot 2$ i $300 = 2^2 \cdot 3 \cdot 5^2$, s'obté que el mcd(250,300) = $5^2 \cdot 2 = 50$ cm

Per tant, les rajoles han de fer 0,5 metres de llargada i caldran, doncs, 5 fileres de 6 rajoles (en total, 30 rajoles quadrades de 0,5 metres cadascuna) per omplir tota l'habitació.

Arribats en aquest punt, només ens cal retre un fort agraïment al mcm i al mcd. Gràcies, mínim comú múltiple, i gràcies, màxim comú divisor, per formar part de la nostra vida!

12. EL CREIXEMENT EXPONENCIAL

Moltes vegades, hem sentit comentaris del tipus: «això creix exponencialment». Què vol dir aquesta frase? Mostrarem un parell d'exemples de com les matemàtiques donen respostes a situacions sovint insòlites i que, al cap i la fi, no deixen de ser curiositats per tal de quantificar l'ordre de magnitud d'alguns fenòmens als quals els nombres donen resposta. Il·lustrarem aquesta secció amb dos clàssics exemples, a tall de problemes, de models exponencials que ens sorprendran per la seva bellesa i senzillesa.

12.1. Els doblecs d'un full de paper

Si ens preguntem quantes vegades hem de doblegar un full de paper per tal que en augmentar el seu gruix, tinguem la distància de la Terra a la Lluna, la resposta ens la proporciona un senzill model exponencial, que poden experimentar, per estalviar càlculs, amb una petita calculadora de butxaca. Per tal de resoldre aquesta qüestió, ens calen unes dades elementals:

Suposem que el gruix d'un full de paper és de 0,1 mm i sabem que la distància de la Terra a la Lluna és de 384.000 km. Ara ja en podem fer els càlculs.

D'entrada, unificarem les unitats de mesura a metres. Sabem que:

$0,1 \text{ mm} = 0,0001 \text{ m}$

$384.000 \text{ km} = 384.000.000 \text{ m}$

En doblegar un cop el full, tinc que el gruix és $0,0001 \cdot 2$

En doblegar-lo dos cops, llavors $(0,0001 \cdot 2) \cdot 2 = 0,0001 \cdot 2^2$; en general, en doblegar x vegades el full, el gruix del paper és $0,0001 \cdot 2^x$

El model matemàtic que ens proporcionarà la solució serà l'equació (anomenada exponencial) següent:

59/

60/

$0.0001 \cdot 2^x = 384.000.000$

Per tant, per calcular el nombre de cops que hem de doblegar el full per calcular la distància de la Terra a la Lluna, hem de resoldre aquesta equació exponencial.

$0.0001 \cdot 2^x = 384.000.000 \Rightarrow 2^x = 3.84 \cdot 10^{12} \Rightarrow$

$\Rightarrow x = 41.80424 \Rightarrow x = 42$

Per tant, calen 42 doblecs del full.
Els aconsello que no intentin fer la prova amb un paper ordinari, dubto que ho aconsegueixin!

12.2. El secret

Un espia descobreix un secret a les 8 del matí. Un quart d'hora més tard (8h 15'), transmet el secret a tres persones, amb la condició que no ho han de dir a ningú que no sigui estrictament de confiança.

A dos quarts de 9 del matí (8h 30'), cadascuna d'aquestes tres persones ho ha dit a altres tres en les mateixes condicions. A tres quarts de 9 del matí (8h 45'), cadascuna de les anteriors persones, a tres més (és a dir, a 27).

Suposem que aquesta situació es repeteix cada quinze minuts, de manera que no hi ha encreuaments (és a dir, que els que reben el missatge no l'han rebut anteriorment).

En quin moment ho sabrà tot Catalunya? I tot el món? Té sentit preguntar quanta gent diferent ho sabrà a les 6 de la tarda?

61/

Hora	Persones que saben el secret
8 matí	1
8h 15'	1+3=4
8h 30'	$1+3+3^2 = 13$
8h 45'	$1+3+3^2+3^3 = 40$

Observeu que estem davant d'un creixement «exponencial», de manera que al cap de n períodes de 15 minuts ho sabran: $1+3^1+3^2+3^3+....+3^n$. Aquesta suma –és la suma d'una progressió geomètrica de raó 3– es pot escriure com:

$$1 + 3^1 + 3^2 + 3^3 + \ldots + 3^n = \frac{3^n \cdot 3 - 1}{3 - 1} = \frac{3^{n+1} - 1}{2} \text{ persones}$$

Si el gener de 2009 Catalunya té censats uns 7.000.000 d'habitants, tindrem que $\frac{3^{n+1} - 1}{2} = 7.000.000$ i, per tant, $n = 13,9$. És a dir, uns «14 intervals de 15 minuts», que equivalen a 3 hores i 30'. En conseqüència, a les 11h 30' ho sabrà tot Catalunya.

I tot el món?

El gener de 2009, es calcula que el planeta Terra té 6.790.062.216 d'habitants. Efectuant els mateixos càlculs anteriors, tenim que n és aproximadament, 2 i, per tant, estem parlant de 5h 30'; en síntesi, tot el món sabrà el secret a les 13h 30'.

Veiem que no té cap sentit preguntar quanta gent diferent ho sabrà a les 6 de la tarda, ja que serà el mateix número de gent que ho sabrà a les 13.30 del migdia.

Ara ja poden comprovar com les equacions exponencials i les progressions geomètriques que vam estudiar a l'escola ens ajuden en l'exercici lúdic i enriqueixen el nostre coneixement. Amb aquests dos «problemets», ja ens podem entretenir amb les nostres amistats per tal de sorprendre-les matemàticament.

2

UN PARELL DE NOMBRES EMBLEMÀTICS

1. EL NOMBRE D'OR: NAIXEMENT, HERÈNCIA I FAMÍLIA

Cap a l'any 350 aC, Euclides va escriure *Els elements*, text que recull bona part del coneixement matemàtic de l'època. (Figs. 62 i 63)

Els elements és l'obra més difosa després de *La Bíblia* i ha estat objecte d'estudi gairebé durant més de 2.000 anys. Al llibre sisè, hi trobem el paràgraf següent:

«Un segment està dividit en mitja i extrema raó quan el segment total és a la part major, així com aquesta és a la part menor»(Euclides, *Els elements*, VI.3) (Fig.64)

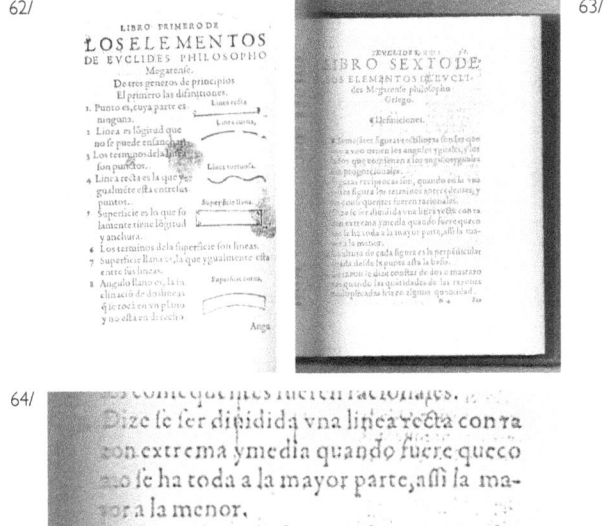

Això ho podem representar gràficament com

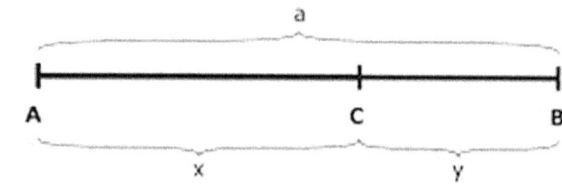

de manera que $\dfrac{a}{x} = \dfrac{x}{y}$

Si tenim quatre quantitats a, b, c i d, de manera que es compleixi $\dfrac{a}{b} = \dfrac{c}{d}$ (igualtat entre proporcions), els termes a i d s'anomenen *extrems* i els termes b i c, *mitjos* de la proporció; si el que tenim és de la forma $\dfrac{a}{b} = \dfrac{b}{d}$, aleshores el terme b s'anomena *mitjana proporcional* entre a i c.

Sovint es coneix aquesta divisió com a *divisió àuria* o *secció àuria* del segment; la part que té una mesura de x unitats, de manera que verifiqui la relació anterior ($\dfrac{a}{x} = \dfrac{x}{y}$), s'anomena *segment auri* del segment a.

És obvi que, si agafem un segment de longitud a i considerem «dos trossos» de longituds x i y, no sempre es complirà la relació $\dfrac{a}{x} = \dfrac{x}{y}$.

Ens entretindrem a descobrir quin és el valor d'aquest quocient $\dfrac{a}{x} = \dfrac{x}{y}$.

Com que a = x+y, aleshores y = a-x i, substituint a $\dfrac{a}{x} = \dfrac{x}{y}$, tenim:

$\dfrac{a}{x} = \dfrac{x}{a-x}$. Operant:

$a \cdot (a-x) = x^2$; arreglant una mica: $x^2 + a \cdot x - a^2 = 0$, i resolent l'equació tenim:

$x = \dfrac{-a \pm \sqrt{a^2 + 4a^2}}{2} = a \cdot \dfrac{-1 \pm \sqrt{5}}{2}$. D'aquesta manera, podem establir que el quocient $\dfrac{x}{a} = \dfrac{-1 \pm \sqrt{5}}{2}$. Si escollim la solució positiva (ja que es tracta de mesures), tenim:

$$\dfrac{x}{a} = \dfrac{-1+\sqrt{5}}{2} = 1{,}6180\ldots$$

Aquest nombre tan «singular» s'anomena *nombre d'or* i s'indica amb la lletra ϕ (fi).

$$\boxed{\phi = 1{,}6180\ldots}$$

L'assignació d'aquesta lletra (inicial de Fídies) a aquest nombre la va fer l'any 1900 el matemàtic Mark Barr, en honor de l'escultor grec Fídies (Atenes, 480 aC - 430 aC). Fídies va dissenyar les estàtues d'Atena en l'Acròpolis d'Atenes (al Partenó) i l'estàtua de Zeus a Olímpia.

A l'antiga Grècia, el nombre d'or es va utilitzar per establir proporcions de temples, tant de les seves plantes com de les façanes. Kepler (astrònom alemany, 1571-1630) va considerar que les joies de la geometria són la proporció àuria i el teorema de Pitàgores.

2. EL NOMBRE D'OR AL NOSTRE ENTORN

Tradicionalment, el nombre d'or està associat al concepte de bellesa, en el sentit que els objectes on s'aplica semblen més «bonics», ens «atrauen» més, són més harmoniosos.

Proposem que observeu la seqüència següent de rectangles i que escolliu el que us sembli més «bonic», més «harmoniós»; la majoria de

65/

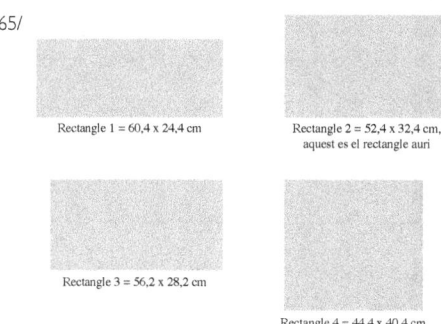

Rectangle 1 = 60,4 x 24,4 cm

Rectangle 2 = 52,4 x 32,4 cm, aquest es el rectangle auri

Rectangle 3 = 56,2 x 28,2 cm

Rectangle 4 = 44,4 x 40,4 cm

66/

67/

68/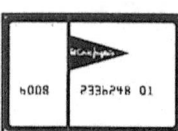

69/

70/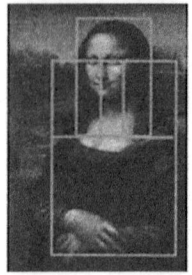

71/

vegades que s'ha proposat aquesta experiència, el rectangle escollit és el segon. Si fem la divisió entre la mesura del costat «llarg» i la del costat «petit», observem que s'obté 1,6180... (font: *L'altra cara de les matemàtiques*, J. Gómez). Aquests rectangles s'anomenen *àurics*. (Fig.65)

Aquest fet no és casual; les persones humanes tenim, en el nostre subconscient, una mena d'intuïció per les formes belles i harmonioses.

Què tenen d'especial aquest nombre i aquest rectangle, i quina influència plasmen en el tarannà dels ciutadans? La presència del nombre d'or a la societat és subtil i identifica l'harmonia dels elements bells i bonics de la societat i dels objectes. La seva presència la trobem en molts escenaris quotidians.

1. A la butxaca: el document d'identitat, els paquets de tabac, les targetes, d'altres documents. Si ens entretenim dividint el costat llarg entre el petit n'obtindrem aquest nombre. (Figs.66, 67 i 68)

2. A l'art: dibuix anatòmic de Da Vinci, la Gioconda, la Venus de Milo...
Els artistes del Renaixement varen utilitzar la secció àuria en moltes ocasions, tant en pintura i escultura com en arquitectura, per aconseguir equilibri i bellesa. (Figs.69, 70 i 71)
Leonardo da Vinci, al seu quadre de la Gioconda (o Mona Lisa), va utilitzar rectangles àurics per plasmar-ne el rostre. Se'n poden localitzar molts detalls, el qual s'emmarca en un rectangle àuric.

72/

73/

74/

75/

76/

A les imatges 72 i 73 tenim «*L'home de Vitruvi*», de Leonardo, del qual en mostrem el rectangle àuric.

Leonardo da Vinci, de fet, el va usar per definir totes les proporcions fonamentals de la seva pintura: al quadre «*L'últim sopar*», la proporció àuria apareix en les dimensions de la taula, les proporcions de les parets i de les finestres. (Fig.74)

El nombre àuri ha interessat també alguns artistes contemporanis, com ara Salvador Dalí, que el va aplicar en diverses obres. (Fig.75)

S. Dalí, *Leda atòmica*, 1949, basat en la proporció àuria.

77/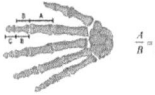

També en trobem a l'obra *Semitassa gegant voladora* (1932-1935). (Fig.76)

S'observa que
AD:AC=AC:AB = ϕ

78/

82/

80/

79/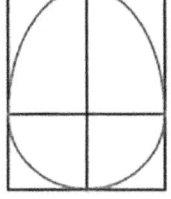

81/

UN PARELL DE NOMBRES EMBLEMÀTICS   85

3. A la natura: a l'alçària, que és 1,6 vegades el diàmetre del llombrígol; a les proporcions dels dits de les mans, i fins i tot en un ou de gallina! (Figs.77, 78 i 79)

4. A l'arquitectura: a l'edifici de les Nacions Unides, a Nôtre-Dame de París, al Partenó,... (Figs.80, 81 i 82)

El mateix Rafael Alberti va escriure un poema (*Divina proporción*) dedicat a la proporció àuria:

Divina proporción

A ti, maravillosa disciplina,
media, extrema razón de la hermosura,
que claramente acata la clausura
viva en la malla de tu ley divina.
A ti, cárcel feliz de la retina,
áurea sección, celeste cuadratura,
misteriosa fontana de mesura

que el Universo armónico origina.
A ti, mar de los sueños, angulares,
flor de las cinco formas regulares,
dodecaedro azul, arco sonoro.
Luces por alas, un compás ardiente.
Tu canto es una esfera transparente.
A ti, divina proporción de oro.

Mostrarem algunes curiositats recents d'utilitat domèstica en què hi ha implicada la proporció àurica:

A la IX Fira d'Invents «Galàctica» de Vilanova i la Geltrú (2001), va ser guardonat l'estenedor Drymax. Una de les característiques d'aquest estenedor és que, a més de minimitzar l'espai que ocupa i de maximitzar el temps d'assecat, les articulacions estan en proporció àuria.

Pepita Panadés, la catedràtica de Matemàtiques de l'IES «Francesc Macià» de Cornellà, resumeix un treball matemàtic extraordinàriament creatiu, el qual s'ha presentat a la IX Fira Internacional d'Inventiva Galàctica que s'ha celebrat a Vilanova i La Geltrú. La professora Pepita Panadés ens mostra la solució donada a un problema domèstic i ens descriu amb molta tendresa la seva experiència a la fira.

Nota extreta de:
http://www.xtec.es/~dpinoll/abeam/butlleti/

Si algun dia veieu en algun balcó un estenedor com el Drymax, us invito a contemplar la bellesa de quelcom que té alguna cosa a veure amb «el nombre d'or»!

Si ens fixem en alguns camps esportius, com els de de futbol, rugby, hoquei,... notarem que en la majoria d'ells també trobem el rectangle àuric:

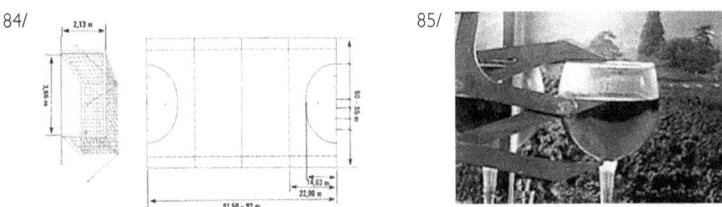

84/   85/

També és extraordinari observar com els sommeliers en els seus tasts de vins usen la proporció àuria en l'harmonia de l'alçada del vi que està distribuït en una copa: l'alçada de la copa, dividida per l'alçada del vi, s'aproxima al nombre d'or!

Així, si ens fixen en les tanques publicitàries, observem que moltes mantenen la relació àuria, ja que els professionals de la publicitat pensen que efectivament aquests rectangles són els més harmoniosos i, per tant, els que el client potencial mirarà més.

3. CONSTRUCCIÓ DEL RECTANGLE ÀURIC

La pregunta natural és: com es pot construir un rectangle àuric?

Considerem un quadrat de vèrtex **A**, **B**, **C** i **D**, que mesuri a unitats de costat, tal com mostra la figura: 86.

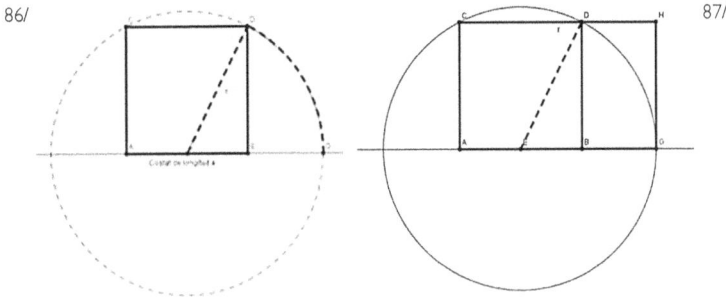

86/   87/

Anomenem E el punt mitjà del costat AB i r el segment que uneix E i el vèrtex D. Aleshores, construïm la circumferència de centre E i radi r. Allarguem el costat AB fins a trobar el punt d'intersecció de la circumferència construïda amb la prolongació del costat AB, i anomenen aquest punt G. Amb aquests elements, podem construir el rectangle que mostrem a la figura:

Ens interessa calcular el valor que s'obté de dividir la longitud de la base entre l'alçada, és a dir: $\dfrac{AG}{GH}$

Càlcul de GH:

Recordem que $AB = a$ i, per tant, $GH = a$ (ABCD és un quadrat en què cada costat mesura «a» unitats).

Càlcul de AG:

Per trobar el valor $AG = AE+EG = \dfrac{a}{2} + r$, ens cal determinar el valor de r.

A la figura 87, s'observa que EB mesura $\dfrac{a}{2}$ i que BD mesura a, llavors, per determinar el valor del segment r apliquem el teorema de Pitàgores:

$$r^2 = a^2 + (\dfrac{a}{2})^2 \quad r = \sqrt{a^2 + (\dfrac{a}{2})^2} = \sqrt{\dfrac{4 \cdot a^2 + a^2}{4}} = \dfrac{a}{2} \cdot \sqrt{5}\text{, aleshores}$$

Amb això tenim que el costat «llarg» AG mesura $AG = \dfrac{a}{2} + \dfrac{a}{2} \cdot \sqrt{5} = \dfrac{a}{2} \cdot (1+\sqrt{5})$.

Per tant, $\dfrac{AG}{GH} = \dfrac{\dfrac{a}{2} \cdot (1+\sqrt{5})}{a} = \dfrac{1+\sqrt{5}}{2} = 1{,}61803... = \phi$.

Aquest fet ens mostra que, efectivament, el rectangle construït és àuric.

4. EL NOMBRE D'OR I LA SUCCESSIÓ DE FIBONACCI: 1, 1, 2, 3, 5, 8, 13...

Leonardo Bonacci (1170-1240), matemàtic italià anomenat també Leonardo de Pisa perquè va néixer en aquesta ciutat de la Toscana, va passar a la posteritat amb el sobrenom de Fibonacci.

Fibonacci va difondre per occident els caràcters aràbics i va publicar el *Liber abaci*, potser un dels millors textos d'àlgebra que es coneixen, escrit l'any 1202. En aquest llibre, exposa problemes algebraics aplicats a la resolució de problemes del comerç i plasma la importància dels sistemes de numeració hindú i aràbic. D'aquesta obra, només se'n conserva la segona edició, publicada al 1228, on destaca a les planes 123 i 124 un curiós problema relacionat amb el creixement d'una població de conills. En aquest problema, apareix una seqüència numèrica que es coneix com, *successió de Fibonacci* i que té la particularitat d'estar estretament relacionada amb el nombre d'or. Vegem aquest problema.

En un lloc tancat, es diposita una parella de conills per observar quants descendents produeixen en el curs d'un any. La hipòtesi de treball és que cada mes, a partir del segon mes de vida, una parella de conills reprodueix dos conills més, tal com mostra la imatge: 89

Tot seguit, comptarem el nombre de parelles que hi ha al final de cada mes.

Primer mes: la inicial p_0 (total: 1 parella).

Segon mes: la inicial p_0, ja que encara no és fèrtil (total: 1 parella).

Tercer mes: ja procrea; per tant, tenim una nova parella p_1, més la p_0 que ja teníem (total: 2 parelles).

Creixement d'una població de conills:

Quart mes: la p_1 encara no és fèrtil, però p_0 en fa una altra; diguem-ne p_2 (total: 3 parelles).

Cinquè mes: la p_1 ja és fèrtil; tenim doncs, la p_1 i els fills de p_1, que en direm p_3, i la p_0 procrea (diguem-ne p_4) (total: 5 parelles).

La seqüència numèrica és: 1, 1, 2, 3, 5, 8..., que es coneix pel nom de successió de Fibonacci.

El lector pot observar que cada terme s'obté sumant els dos anteriors, és a dir:

1+1 = 2
1+2 = 3
2+3 = 5
3+5 = 8

En síntesi, què té de curiós la successió de Fibonacci? Si efectuem els quocients entre un terme i el seu anterior, s'observa que:

1/1 = 1
2/1 = 2
3/2 = 1,5
5/3 = 1,66666
8/5 = 1,6
13/8 = 1,625
21/13 = 1,615
Ens acostem al nombre d'or: 1,6180339!

Aquesta meravellosa seqüència també la trobem a la natura, per exemple:

1. A les pinyes:
Si comptem les espirals que fan els pinyons en un sentit o en un altre, són sempre nombres diferents i, a més, són dos termes consecutius de la successió de Fibonacci.

2. A les fulles d'una planta:
Si considerem una planta i dues branques amb fulles que estiguin a la mateixa tija (la mateixa vertical), entre ambdues hi ha un nombre de branques i fulles que segueix la successió de Fibonacci!

El nombre d'or forma part d'una gran família de nombres, els anomenats *nombres metàl·liques*. Mostrarem alguns d'aquests nombres.

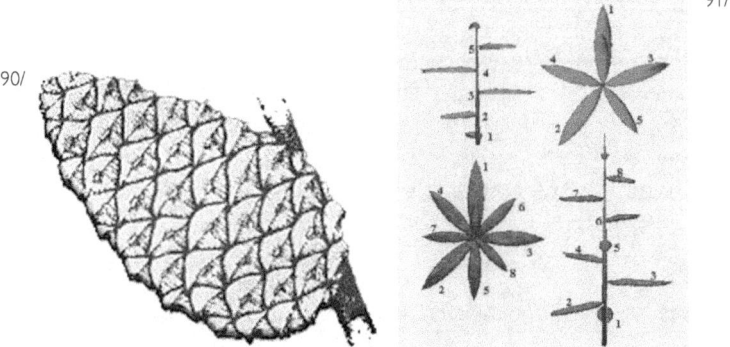

90/

91/

5. LA FAMÍLIA DEL NOMBRE D'OR: NOMBRES METÀL·LICS

Ara mostrarem els familiars més directes del nombre d'or. Són uns nombres estretament relacionats amb ell i amb les successions de Fibonacci. Recordem que l'equació $x^2 - x - 1 = 0$ té dues solucions. Si n'escollim la solució positiva, n'obtenim el valor $x_{or} = \dfrac{1+\sqrt{5}}{2} = 1{,}6180\ldots$, és a dir, el nombre d'or; com hem mencionat, el nombre d'or té associada la successió (seqüència) de Fibonacci: 1, 1, 2, 3, 5..., que verifica que els quocients entre cada terme i el seu anterior s'acosten al nombre d'or:

$$\dfrac{1}{1}, \dfrac{2}{1}, \dfrac{3}{2}, \dfrac{5}{3}, \dfrac{8}{5}, \dfrac{13}{8} \ldots \text{ s'acosta a } 1{,}61180\ldots$$

Tot seguit, mostrarem que, si partim d'equacions de segon grau lleugerament modificades i afins a l'esmentada $(x^2 - x - 1 = 0)$, trobarem un seguit d'equacions que ens generen els anomenats *nombres metàl·lics*. El «cap de família» dels nombres metàl·lics és el nombre d'or i els seus germans són el nombre de plata, el de bronze, el de coure, el de níquel i el de platí. També hi ha seqüències numèriques que s'acosten a ells de manera anàloga a la de Fibonacci (les podem anomenar *successions de pseudofibonacci*). Tot seguit, us presentarem les expressions d'aquests nombres i les seves propietats.

Plata

L'equació $x^2 - 2x - 1 = 0$ té com a solució positiva $x_{plata} = 1 + \sqrt{2} = 2{,}4142\ldots$ anomenat nombre de plata. Si consideren la seqüència 1,1,3,7,17... s'observen que els quocients $\frac{1}{1}, \frac{3}{1}, \frac{7}{3}, \frac{17}{7}\ldots$ s'acosten a 2,4142...

Bronze

Tenim $x^2 - 3x - 1 = 0$, amb solució positiva

$$x_{bronze} = \frac{3 + \sqrt{13}}{2} = 3{,}3027\ldots$$

La seva successió associada és 1, 1, 4, 13, 43, 142... De manera que els quocients $\frac{1}{1}, \frac{4}{1}, \frac{13}{4}, \frac{43}{13}\ldots$ s'acosten a 3,3027...

Coure

De l'expressió $x^2 - x - 2 = 0$, tenim que $x_{coure} = 2$, de manera que a partir d'aquesta successió 1, 1, 3, 5, 11, 21..., considerant $\frac{1}{1}, \frac{3}{1}, \frac{5}{3}, \frac{11}{5}\ldots$, ens acostem a 2.

Níquel

De la igualtat $x^2 - x - 3 = 0$ tenim que $x_{niquel} = \frac{1 + \sqrt{3}}{2} = 1{,}3660\ldots$, amb 1, 1, 4, 7, 19, 40..., verifican que $\frac{1}{1}, \frac{4}{1}, \frac{7}{4}, \frac{19}{7}\ldots$ s'acosta a 1,3660.

Platí

Com els anteriors, $x^2 - 2x - 2 = 0$ té per solució

$x_{plati} = 1 + \sqrt{3} = 2{,}735\ldots$ 1, 1, 4, 10, 28..., de manera que $\frac{1}{1}, \frac{4}{1}, \frac{10}{4}, \frac{28}{10}\ldots$, s'acosta a 2,735.

Una pregunta natural és: d'on surten aquestes successions? No és màgia! Es generen a partir dels coeficients de l'equació. En general, són equacions de la forma $x^2 - mx - n = 0$ amb $m>0$ i $n>0$ i enters. La successió generada és una seqüència del tipus $G_1, G_2, G_3, G_4, G_5\ldots$, on s'agafa $G_1 = G_2 = 1$ i els següents termes de la forma $G_k = m \cdot G_{k-1} + n \cdot G_{k-2}$; aleshores, els quocients dels termes de les successions corresponents als nombres metàl·lics: $\frac{G_2}{G_1}, \frac{G_3}{G_2}, \frac{G_4}{G_3}...$ s'acosten al nombre metàl·lic corresponent.

Ho resumim a la taula següent:

Nom	Equació	m	n	Nombre metàl·lic	Seqüència
or	$x^2 - mx - n = 0$	1	1	1,6180...	1, 1, 2, 3, 5...
plata	$x^2 - 2x - 1 = 0$	2	1	2,4142...	1, 1, 3, 7, 17...
bronze	$x^2 - 3x - 1 = 0$	3	1	3,3027...	1, 1, 4, 13, 43...
coure	$x^2 - x - 2 = 0$	1	2	2	1, 1, 3, 5, 11, 21...
níquel	$x^2 - x - 3 = 0$	1	3	1,3660...	1, 1, 4, 7, 19...
platí	$x^2 - 2x - 2 = 0$	2	2	2,7320...	1, 1, 4, 10, 28...

De la mateixa manera que el nombre d'or es va emprar en proporcions a l'arquitectura de Grècia, el nombre de plata va ser usat en tapissos i patis romans i el de platí, en alguns aspectes de l'arquitectura del Renaixement.

Ja que hi estem posats, i com a nota curiosa, mencionarem un altre nombre –que no té res a veure amb els nombres metàl·lics–, que es coneix com a *nombre de plàstic*; d'alguna manera, podríem afirmar que és cosí dels anteriors! S'anomena de plàstic ja que no és solució d'una equació de segon grau (sinó de tercer grau) i, per tant, no té la mateixa «categoria» de formar part d'aquesta gran família!
Es defineix com l'única solució real de l'equació:
$x^3 - x - 1 = 0$, que té per solució $x_{plàstic} = 1,324718...$ Aquest nombre també té una successió associada (anomenada de Padovan):
1,1,1,2,2,3,4,5,7,9,12,16,21,28,37... que es genera agafant com a unitat els tres primers termes com: $P_k = P_{k-2} + P_{k-3}$, en què «cada nou terme és la suma dels dos avantpenúltims». Anàlogament a les seqüències dels nombres metàl·lics, es verifica que els quocients de cada terme entre seu anterior s'acosta al nombre de plàstic:

$\frac{2}{1}, \frac{2}{2}, \frac{3}{2}, \frac{4}{3}, \frac{5}{4}, \frac{7}{5}, \frac{9}{7}, \frac{12}{9}$...; a mesura que avancem, ens acostem a 1,324718...

Aquesta successió la va estudiar el matemàtic Richard Padovan (nascut l'any 1935) i va ser descoberta l'any 1928 per l'arquitecte holandès Hans

π
3.141
5926535
8979323846
2643383279502
8841971693993751

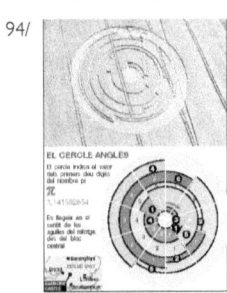

van der Laan (1904-1991). El lector en pot trobar més informació a l'article «Mathematical Recreations» de Ian Stewart, publicat a *Scientific American* (juny de 1996).

6. EL *MEDIÀTIC* NOMBRE π, UNA CELEBRITAT MATEMÀTICA!

3'141592653589693238462643230153191963 65 587....

«El rostre de Pi estava emmascarat; ningú no el podia contemplar i continuar vivint. Però uns ulls de mirada penetrant lluïen darrere la màscara, inexorables, freds i enigmàtics.»

Bertrand Russell (*El mal son del matemàtic*)

Qui no ha sentit a parlar mai del «famós» nombre pi? En aquesta secció, presentarem el perfil d'aquest nombre, que tan sovint ens atabalava a les classes de matemàtiques i que avui ja forma part de la nostra cultura popular.

Tothom disposa a casa de figures circulars (formalment cercles), generalment plats. Us proposem una experiència: agafeu un cordill i envolteu el plat amb el cordill; això permetrà mesurar el perímetre del plat. Calculeu també el diàmetre del plat: observeu que la longitud del cercle que envolta el plat és *3 vegades i escaig* la longitud del diàmetre. Això passa amb tots els cercles –us convidem que ho proveu amb diferents dimensions–; per tant, aquest valor és independent del cercle que considerem i és una constant. Aquest valor de «*3 i escaig*» l'anomenem pi i l'expressem amb el símbol π. Formalment, podem definir pi com el quocient entre el perímetre del cercle i el seu diàmetre.

En el tarannà quotidià de l'àpat, ja podem dir, doncs, que al plat ens trobem π com a guarnició! (Fig.93)

El nombre pi es manifesta ocult en moltes situacions (és un instigador). En citem alguns exemples a tall d'anècdotes i curiositats. (Fig.94)

Algunes collites de cereals britàniques es desperten, ocasionalment, amb un canvi de fesomia. De nit i d'amagat, hi ha algú que es dedica a convertir els camps en belles i extenses obres d'art, conegudes com a cercles de les collites o *crop circles*. A principi del passat mes de juny, un cercle de 46 metres de diàmetre va aparèixer dibuixat als voltants del castell de Barbury, al sud d'Anglaterra. La seva forma va despertar la curiositat de Mike Reed, un astrofísic retirat que n'ha sabut desxifrar el significat diverses setmanes després. Per a la sorpresa de molts matemàtics, la icona simbolitza la xifra 3,141592654, és a dir, els deu primers dígits del nombre pi.

(*El Periódico*, 19 de juny 2008)

La presència de π ocupa un lloc rellevant en la trigonometria, principalment en processos repetitius (ones sinusoïdals); els sistemes de navegació per tal de calcular l'itinerari més curt amb el mínim combustible utilitzen el nombre π; notem també que els aparells de música i els receptors estan basats en ones sinusoïdals (les poden observar en la pantalla d'alguns aparells) per codificar i descodificar; per tant, apareix π protagonitzant les freqüències. En geologia, el professor H. Stolum (Universitat de Cambridge) va demostrar que el quocient entre la longitud natural d'un riu i la distància en línia recta entre el seu naixement i la desembocadura era proper a π. Pel que fa al consum, al Priorat tenim un vi que s'anomena 2 π r, un perfum masculí (de Givenchy) etiquetat π i fins i tot una pel·lícula anomenada π (*Pi, fe en caos*, 1998, director: Darren Aronofsky). Alfred Hitchcock, al film *Cortina escapçada* (1966), protagonitzada per Paul Newman, fa aparèixer π com una organització d'espionatge. (Fig.95)

A la imatge (minut 40 del film, aproximadament), Paul Newman escriu amb la seva sabata el símbol de pi a terra per tal d'identificar-se davant d'una xarxa d'espionatge. (Fig.96)

En nombrosos textos literaris, també es manifesta π. El més recent és un poema de l'escriptora polaca Wislawa Szymborska (Premi Nobel de Literatura el 1996), dedicat a π.

(Traducció al castellà de Carlos Marrodán Casas)

Digno de admiración es el número pi
tres coma catorce.
Todas sus siguientes cifras también son iniciales,
quince noventa y dos *porque nunca termina.*

No deja de abarcar **sesenta y cinco treinta y cinco** con la mirada,
ochenta y nueve con los cálculos,
sesenta y nueve con la imaginación,
y ni siquiera **treinta y dos treinta y ocho** con una broma, o
sea comparación,
cuarenta y seis con nada,
veintiséis cuarenta y tres en el mundo.
La serpiente más larga de la tierra después de muchos
metros se acaba.
Lo mismo hacen, aunque un poco después, las serpientes de
las fábulas.
La comparsa de cifras que forma el número pi
no se detiene en el borde de la hoja;
es capaz de continuar por la mesa, el aire,
la pared, la hoja de un árbol, un nido, las nubes, y así hasta
el cielo,
a través de toda esa hinchazón e inconmensurabilidad
celestiales.
¡Oh, qué corto, francamente rabicorto es el cometa!
¡En cualquier espacio se curva el débil rayo de una estrella!
Y aquí **dos treinta y uno cincuenta y tres diecinueve**,
mi número de teléfono, el número de tus zapatos,
el año **mil novecientos sesenta y tres, sexto** piso,
el número de habitantes, **sesenta y cinco** céntimos,
centímetros de cadera, dos dedos, una cucharada y mensaje cifrado,
en la cual ruiseñor que vas a Francia,
y se ruega mantener la calma,
y también pasarán la tierra y el cielo,
pero no el número pi, de eso ni hablar
seguirá sin cesar con un **cinco** en bastante buen estado,
y un **ocho**, pero nunca uno cualquiera,
y un **siete** que nunca será el último,
y metiéndole prisa, eso sí, metiéndole prisa a la perezosa eternidad
para que continúe.
3'1415926535896932384626432301531919636 5587...

El japonès Akira Haraguchi (psiquiatre) va estar 16 hores seguides recitant de memòria 100.000 xifres de pi (va guanyar un Guinness). Als Estats Units, celebren, en l'àmbit acadèmic, el Dia del nombre Pi, en concret el 14 de març (en format americà 03-14) en honor al nombre pi; cal desta-

car que Albert Einstein va néixer un 14 de març, a la 1.59 de la tarda (en format americà, 3141 59).
Si voleu, podeu provar algun experiment: tots els nombres estan correlatius en les xifres de π. En mostrem, com a exemple, la web http://jclement.ca/fun/pi/search.cgi, que admet que l'usuari entri fins a set dígits i ens diu la posició en què es troben; si introduïm els set darrers dígits del telèfon del *Diari de Vilanova* (8149191) en aquesta web, ens diu que aquesta sèrie de nombres els podem trobar juntets a partir de la posició 1486799. Els convido que s'entretinguin en aquesta formidable web a provar diverses seqüències numèriques. També poden trobar a la web la cançó dedicada al nombre pi, interpretada per «Pi Sisters» a l'adreça http://www.cobrakein.com/curiosidades/numero-pi-cantado.html, o bé a http://www.goear.com/listen.php?v=bffe90e.
Al llarg de la història, molts matemàtics s'han entretingut a cercar xifres de pi. Malgrat tot, s'ha demostrat que és impossible representar pi com un quocient de nombres naturals (0,1,2,3...) i, a més, té infinites xifres. Aquest fet li concedeix la categoria de nombre *irracional*. En alguna ocasió, s'ha pensat a escriure pi com, $\frac{22}{7} = 3,142857143$, que, com s'observa, no és el seu valor! Sempre n'obtindrem aproximacions, però mai una expressió en forma de fracció!
L'any 1650 aC, al Papirus d'Ahmes, els egipcis proposen aproximar pi com la fracció $\frac{256}{81} = 3,160493827$ (notem que només conté un decimal exacte). Anteriorment, en algun fragment de la Bíblia (Reis, I, 7-23), s'utilitzava pi prenent simplement el valor 3.
Més endavant, l'any 250 aC, Arquimedes va dibuixar 96 costats al voltant d'un cercle i va afirmar que pi es podia localitzar entre $\frac{220}{70} = 3,1428$ i $\frac{223}{71} = 3,1408$ -on com a molt, s'obtenen tres xifres exactes. Si saltem al segle XVI, l'alemany Ludolph van Ceulen (1540-1610) va calcular pi fins a 35 decimals exactes, però no ho va publicar ja que va morir. Aquestes xifres han quedat immortalitzades a la làpida d0e la seva tomba. Els alemanys es refereixen a pi com el nombre «ludofià», en honor a Ludolph.
L'any 1706, l'anglès William Jones va introduir el conegut símbol grec π per designar pi. Aquest símbol va tenir un ressò mediàtic i popular

gràcies a Euler, a l'obra *Introducció al càlcul infinitesimal* (publicada el 1748). Johann H. Lambert (1728-1777), matemàtic alemany, va demostrar que pi és un nombre irracional, és a dir, que no es pot expressar en forma de fracció.

En ple segle XIX, en concret a l'any 1873, el matemàtic anglès William Shanks va hipotecar quinze anys de la seva vida cercant decimals de pi. Es comenta que en va trobar 707, però s'ha comprovat (l'any 1945) que es va equivocar amb el decimal que ocupava el lloc 528 i, per tant, els següents eren falsos!

El 1949, amb la introducció dels ordinadors, un dels primers ordinadors –l'ENIAC–, després de 70 hores de treball, va calcular pi amb 2.037 decimals exactes. Deu anys més tard, ordinadors ubicats a França i Anglaterra van calcular més 10.000 xifres de Pi.

L'any 1961, Daniell Shanks (sense cap parentesc amb William Shanks) i Wrench, van obtenir, en 8 h 23 min, 100.265 xifres de pi en un IBM 7090.

Finalment, el 2004, Yasumasa Kanada calcula 1,24 bilions de decimals del número pi amb l'ajut d'ordinador.

En fi, actualment el càlcul de xifres del nombre pi només té un interès simpàtic i potser lúdic, i ja forma part d'un entreteniment del passat.

Com d'altres celebritats, π ja forma part de la nostra cultura popular!

3

CODIS DE LA NOSTRA VIDA

En la nostra vida personal, laboral, lúdica, ens acompanyen d'una manera inseparable i a qualsevol indret uns nombres que conviuen amb nosaltres més que la pròpia ombra: els codis numèrics. Entre ells destaquen el NIF (número d'identificació fiscal), els codis de barres, l'ISBN els números associats a transaccions bancàries. En tots ells apareix l'anomenat dígit de control i gràcies a ell és possible verificar-ne l'autenticitat.

En el fons, ens hem familiaritzat amb tots aquests documents i els hem agafat simpatia. Prova d'això és el fet que a més d'una persona li ha produït molts maldecaps, ansietat i angoixa la pèrdua d'algun d'aquests documents, amb els conseqüents problemes que això ha comportat: denuncies per robatori, anul·lació per pèrdua, «paperassa»...

Prestarem especial atenció al càlcul d'aquests dígits; en això, les matemàtiques i, en particular, l'anomenada *aritmètica modular*, hi juguen un paper molt important. Només ens cal saber les *quatre operacions* (suma, resta, multiplicació i divisió) per descobrir el secret que amaguen aquests nombres!

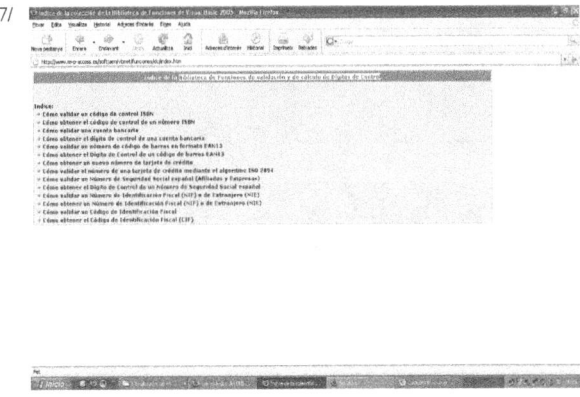

Els oferirem un merescut homenatge a tots ells i, en particular, a les matemàtiques que han fet possible que cadascú de nosaltres estigui plenament identificat per mitjà d'aquests (*nostres*) codis. Per això, ara proporcionarem les eines per verificar l'autenticitat d'aquests números i també com calcular-los. Us proposem que visiteu la web http://www.mvp-access. es/softjaen/vbnet/funciones/dc/index.htm de la Biblioteca de Funcions de Validació y de Càlcul de Dígits de Control, on podreu trobar els algoritmes de verificació més usuals que mostrarem.

Curiositat

Si no voleu ser descobert o voleu romandre a l'anonimat en una trucada des del telèfon mòbil, marqueu #31# i, a continuación, el número de mòbil al qual vol trucar. Al receptor li apareixerà en pantalla el missatge «ID oculta» o «número privat».

Els actuals sistemes de seguretat incorporen als telèfons mòbils l'anomenat codi IMEI (International Mobile Equipament Identity). L'any 2008 es van bloquejar uns 25.000 telèfons mòbils, 700 dels quals han estat desbloquejats. La solució es fonamenta en criptologia; l'anomenat codi IMEI és un nombre de 15 dígits que identifica cada terminal dins la xarxa. Si voleu saber aquest codi, cal que feu *#06# en el vostre terminal i us apareixerà aquest nombre de 15 xifres (per exemple, 35216740/477100/5). El primer bloc indica el país, el segon identifica el fabricant, el tercer el número de sèrie i el quart és de reserva.

98/

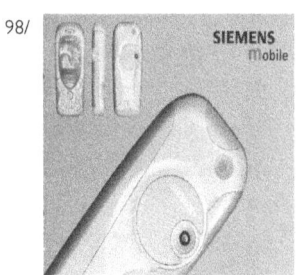

1. IDENTIFIQUEU-VOS!
LA IDENTIFICACIÓ PERSONAL I FISCAL

1.2. L'aritmètica del DNI i el NIF

El document usual per identificar els ciutadans i ciutadanes de l'Estat espanyol s'anomena document nacional d'identitat (DNI). Els antecedents del DNI es remunten al segle XVIII en un document en el qual fins i tot s'especificava el color de la pell, si l'usuari era masculí amb barba o sense barba, i d'altres elements estètics... L'any 1935 (II República) va aparèixer un document conegut com a *cèl·lula personal*, que ja no especificava perfils de tipus «estètic», i el 1937 s'hi va incloure la fotografia del titular. El 1951 –arran de les conseqüències de la Guerra Civil– neix el format més «tradicional» i recordat, en el qual s'indicava la professió (habitualment, en el cas de les senyores, apareixia «*sus labores*») i hi havia l'empremta del dit; aquell any, Franco va estrenar el seu DNI amb el número 1. Va reservar el número 2 per a la seva esposa Carmen Polo i el 3 per a la seva filla. Del quatre al novè han quedat buits. La família Reial té assignats del 10 al 99, i el 13 es va suprimir per supersticions.

L'any 1961 s'incorpora en el document l'equip que l'expedeix, l'estat civil i el grup sanguini; aquests camps s'han perpetuat fins a l'any 1980. A inicis de l'any 1990, en virtud d'una Ordre del Ministeri de l'Interior, desapareix l'empremta del dit i es dóna pas a les tècniques digitals; els caràcters dels camps es plasmen mitjançant tècniques electròniques (conegudes en l'entorn tecnològic com OCR) i s'hi incopora la fotografia en color.

L'any 2000, s'homologa el format amb les normatives internacionals i actualment ja està configurat per ser llegit en ordinadors personals.

DNI

És una targeta plastificada on es detallen el nom i els cognoms del titular, la data de naixement, l'adreça, els noms dels pares, el domicili, la localitat, la província, i conté una fotografia i un número d'identificació format per 8 xifres més una lletra de control. Generalment, s'anomena número d'identificació fiscal (NIF) aquesta combinació de números i la lletra, i DNI només els números. El DNI és suficient per viatjar i inscriure's com a resident el si de la Unió Europea. Fins als 30 anys, el DNI té una validesa de 5 anys. Dels 30 als 70 anys, té validesa per 10 anys i, a partir dels 70 anys, és permanent. Els estrangers residents a l'Estat espanyol tenen una targeta similar al DNI amb tonalitats blaves, amb un número que s'anomena *número d'identificació per estrangers* (NIE).

La lletra del NIF s'obté a partir d'un algoritme que es fonamenta en l'anomenada aritmètica en mòdul 23 aplicada al número del DNI. És a dir, es divideix el DNI entre 23 i es reserva el residu de la divisió. Aquest resta és un número que hi entre el 0 i el 22, al qual se li assigna una lletra segons la taula:

Resta	0	1	2	3	4	5	6	7	8	9	10	11	12	13	14	15	16	17	18	19	20	21	22
Lletra	T	R	W	A	G	M	Y	F	P	D	X	B	N	J	Z	S	Q	V	H	L	C	K	E

No s'utilitzen les lletres: I, Ñ, O, U. La I i la O s'eviten per tal de no ser confoses amb els números 1 o 0.

Vegem un exemple de càlcul d'aquesta lletra:
Per calcular la lletra que correspon al DNI 54126620, dividim 54126620 entre 23 i obtenim de resta 7; aleshores si busquem a la taula el 7 observem que correspon a la lletra F. Per tant, el NIF serà 54126620-F.

Ara mostrarem també com l'aritmètica ens permet també calcular un dígit esborrat (l'indiquem com a X):
Quin és el dígit esborrat en el NIF 3120X8 -T?
Com que hi ha la lletra T –que segons la taula correspon al número 0–, això significa que la resta de dividir 3120X8 entre 23 és 0. Si ens entretenim provant l'algoritme per diversos valors de X veurem que aquesta condició només és vàlida quan la X=1; per tant, el NIF correcte és 312018 –T

Fins ara ens hem preocupat de la part del davant del DNI; tot seguit, mostrarem els secrets de la part del darrere!

La part del darrere del DNI

Si teniu el DNI a les vostres mans, observareu que a la part del darrere també hi ha uns nombres. Què volen dir? Prestarem una atenció especial a aquests caràcters «del darrere». Per fixar idees, suposarem un hipotètic ciutadà masculí anomenat Pere Matemàtic Tossut, nat el 23 de febrer del 1977 amb NIF 37845712-V i amb data de caducitat el dia 1 de novembre de 2014.

Si ens fixem atentament en els caràcters de la part del darrere veurem una distribució del tipus:

IDESP37845712V1<<<<<<<<<<<<<<
7702233M1411018ESP<<<<<<<<<<<8
MATEMATIC<TOSSUT<<PERE<<<<<

Aquesta zona, coneguda tècnicament com a zona de dades OCR del DNI, està preparada per ser llegida amb màquines. Com podeu observar, aparentment, hi apareixen uns caràcters estranys amb números i lletres, el significat dels quals a priori desconeixem. Tot seguit, en mostrarem el significat.

Identificació dels camps:

En general, hi ha catorze camps de la forma:

1[ID]   2[ESP]   3 $x_1x_2x_3x_4x_5x_6x_7x_8$ [LletraNIF]   4[D1]

5[<<<<<<<<<<<<<<<<<<<<<<<<<<<<<<]

6[$a_1a_2m_1m_2d_1d_2$]   7[D2]   8[Sexe]   9[$a_3a_4m_3m_4d_3d_4$]   10[D3]   11[ESP]

12[<<<<<<<]   13[D4]

14[Cognom1<Cognom2<Nom<<<<<<<<<<<<<<<<<<<]

On:

1. ID: Significa document d'identitat
2. ESP: Estat espanyol
3. Número de NIF (DNI amb la lletra)$x_1x_2x_3x_4x_5x_6x_7x_8$ LletraNIF
4. Dígit de control del camp 3 (s'obté en funció del número i de la lletra del DNI, tal com mostrarem); ho indiquem com a D1.
5. Espais buits
6. Data de naixement (en format AAMMDD, any, mes, dia): $a_1a_2m_1m_2d_1d_2$
7. Dígit de control del camp 6 (s'obté en funció de la data de naixement, tal com mostrarem); ho indiquem com a D2.
8. Sexe (M/F)
9. Data de caducitat (en format AAMMDD): $a_3a_4m_3m_4d_3d_4$
10. Dígit de control del camp 9 (s'obté en funció de la data de caducitat tal com mostrarem; l'anomenarem D3.
11. Nacionalitat
12. Espais buits
13. Dígit de control dels camps 3, 4, 6, 7, 9 i 10 enllaçats; l'anomenarem D4.
14. Primer cognom, segon cognom, nom

A continuació, indicarem com es calculen aquests dígits de control. Aquests dígits de control es generen a partir d'altres camps als quals apliquem un algoritme senzill que, a nivell matemàtic, es fonamenta en la branca anomenada d'*aritmètica modular* i consisteix a fer divisions i escollir la resta. Per calcular cada dígit de cada lloc, separarem els caràcters del camp que els origina i hi aplicarem uns pesos proporcionats per l'administració, que consisteixen a multiplicar seqüencialment per 7-3-1 segons la posició del caràcter. Si algun caràcter és una lletra, se li assigna el valor numèric natural que li correspon en l'ordre de l'abecedari format per les lletres utilitzades pel DNI segons la taula que hem mostrat (recordeu que la I, O..., no hi són previstes), i, en aquest cas, en l'ordre que indiquem en el quadre següent:

A	B	C	D	E	F	G	H	J	K	L	M	N	P	Q	R	S	T	V	W	X	Y	Z
0	1	2	3	4	5	6	7	8	9	10	11	12	13	14	15	16	17	18	19	20	21	22

Un cop aplicats els pesos a cada caràcter numèric, sumem aquests valors i el dígit de control vindrà determinat per la resta d'aquesta suma entre 10. A continuació, detallem com es calcula cada dígit de manera teòrica i posteriorment ho il·lustrarem en l'exemple del senyor Pere Matemàtica Tossut. El lector no iniciat pot passar directament a seguir l'exemple. Aprofito per convidar-vos a fer el mateix amb el vostre DNI.

Anem, doncs calcular dels camps D1, D2 ,D3 i D4.

Càlcul del dígit D1:

Si partim de la seqüència $x_1 x_2 x_3 x_4 x_5 x_6 x_7 x_8$ Lletra NIF, que indica el número de NIF; a continuació, substituïm la lletra del NIF pel seu valor numèric que indica la taula i calculem el valor de l'operació següent

$7 \cdot x_1 + 3 \cdot x_2 + 1 \cdot x_3 + 7 \cdot x_4 + 3 \cdot x_5 + 1 \cdot x_6 + 7 \cdot x_7 + 3 \cdot x_8 + 1 \cdot ValorLletraNIF$

Aquest valor el dividim entre 10 i la resta serà D1.

Càlcul del dígit D2:

Al dors del DNI, trobem la seqüència $a_1 a_2 m_1 m_2 d_1 d_2$, que indica la data de naixement; aleshores, efectuem l'operació:

$7 \cdot a_1 + 3 \cdot a_2 + 1 \cdot m_1 + 7 \cdot m_2 + 3 \cdot d_1 + 1 \cdot d_2$, i el resultat obtingut el dividim entre 10 i la resta d'aquesta divisió serà D2.

Càlcul del dígit D3:

Considerem la seqüència $a_3 a_4 m_3 m_4 d_3 d_4$, que indica la data de caducitat, i fem l'operació:

$7 \cdot a_3 + 3 \cdot a_4 + 1 \cdot m_3 + 7 \cdot m_4 + 3 \cdot d_3 + 1 \cdot d_4$; el resultat obtingut el dividim entre 10 i la resta és D3.

Càlcul de D4:

En aquest cas, considerem tots els camps anteriors concatenats (enllaçats), inclosos els dígits de control calculats anteriorment, i hi aplicarem el mateix procediment. Amb això tindrem la seqüència:

$x_1, x_2, x_3, x_4, x_5, x_6, x_7, x_8, ValorLletraNIF, D1, a_1, a_2, m_1, m_2, d_1, d_2,$
$D2, a_3, a_4, m_3, m_4, d_3, d_4, D3$

Tot seguit, efectuem l'operació:
$7 \cdot x_1 + 3 \cdot x_2 + 1 \cdot x_3 + 7 \cdot x_4 + 3 \cdot x_5 + 1 \cdot x_6 + 7 \cdot x_7 + 3 \cdot x_8 + 1 \cdot$
$\cdot ValorLletraNIF + 7 \cdot D1 + 3 \cdot a_1 + 1 \cdot a_2 + 7 \cdot m_1 + 3 \cdot m_2 + 1 \cdot d_1 +$
$+ 7 \cdot d_2 + 3 \cdot D2 + 1 \cdot a_3 + 7 \cdot a_4 + 3 \cdot m_3 + 1 \cdot m_4 + 7 \cdot d_3 + 3 \cdot d_4 + 1 \cdot D3$

I el resultat obtingut el dividim entre 10; la resta de la divisió entre 10 serà D4.

Per aclarir una mica tot plegat, passarem a l'exemple:
Considerem el document d'identitat del senyor Pere Matemàtic Tossut, nascut el 23 de febrer de 1977 i amb NIF 37845712-V, amb data de caducitat del document el dia 1 de novembre de 2014. Tal com hem mostrat anteriorment, al dors del document hi ha quelcom de l'estil:

IDESP37845712V1<<<<<<<<<<<<<<
7702233M1411018ESP<<<<<<<<<<<8
MATEMATIC<TOSSUT<<PERE<<<<<<<<

Comprovarem si les dades són correctes i per això escriurem la informació del document com:

1[ID] 2[ESP] 3[37845712V] 4[1] 5[<<<<<<<<<<<<<<<<<<<<
<<<<<<<<<]
6[770223] 7[3] 8[M] 9[141101] 10[8] 11[ESP]
12[<<<<<<<<<<]13[8]
14[MATEMATIC<TOSSUT<<PERE<<<<<<<<<<<<<<<<<]

En aquestes dades, podem visualitzar els valors de $D1=1, D2=3, D3=8$ i $D4=8$; ara us mostrarem com es calculen, tot usant l'algoritme que ens els proporciona.

Vegem el càlcul de D1:

En primer lloc, separarem els caràcters 3 7 8 4 5 7 1 2 V, segons l'ordre de posició natural de les lletres de l'alfabet que estan involucrades en el DNI. A la lletra V, li correspon el valor 18; a continuació, apliquem l'algoritme:

NIF	3	7	8	4	5	7	1	2	18	Suma
Factor multiplicatiu	7	3	1	7	3	1	7	3	1	
Resultats parcials	21	21	8	28	15	7	7	6	18	131

La suma dels resultats parcials és 131. Si dividim 131 entre 10, s'obté de resta 1, és a dir, D1=1. Aquest fet en notació matemàtica s'expressa com $131 \equiv 1$ (mòd. 10) i vol dir que la resta de dividir 131 entre 10 és 1 i es llegeix com *131 és congruent amb 1 mòdul 10*; en conseqüència, tenim que el primer dígit de control serà 1. Observeu que aquest valor (1) és la darrera xifra de la suma que apareix en el requadre.

Vegem el càlcul de D2:

Data de naixement	7	7	0	2	2	3	Suma
Factor multiplicatiu	7	3	1	7	3	1	
Resultats parcials	49	21	0	14	6	3	93

La suma dels resultats parcials és 93; per tant, si dividim entre 10 obtenim com a resta 3. En notació matemàtica, ho expressem com: $93 \equiv 3$ (mòd. 10); llavors, el segon dígit de control serà 3. (Observeu que és la darrera xifra de la suma plasmada a la taula); en conseqüència, D2=3.

Vegem el càlcul de D3:

Data de caducitat	1	4	1	1	0	1	Ssima
Factor multiplicatiu	7	3	1	7	3	1	
Resultats parcials	7	12	1	7	0	1	28

En aquest cas, tenim que la suma dels resultats parcials és 28, que dividit entre 10 dóna com a resta 8. És a dir, $28 \equiv 8$ (mòd. 10); per tant, el tercer dígit de control és 8. (Observem que és l'última xifra de la suma.) Tenim, doncs, que $D3 = 8$.

Vegem el càlcul de D4:

En aquest cas, cal considerar la seqüència concatenada següent: NIFD1DataNaixemantD2DataCaducitatD3 i prendre la resta de dividir entre 10 segons l'algoritme que hem exposat; a l'exemple:

3	7	8	4	5	7	1	2	18	1	7	7	0	2	2	3	3	1	4	1	1	0	1	8
7	3	1	7	3	1	7	3	1	7	3	1	7	3	1	7	3	1	7	3	1	7	3	1
21	21	8	28	15	7	7	6	18	7	21	7	0	6	2	21	9	1	28	3	1	0	3	8

La suma dels elements de la tercera fila és 248, que dividit entre 10 dóna com a resta 8. Aquest resultat ens indica que el quart dígit de control és el 8. (Observem que efectivament és la darrera xifra de la suma.) Per tant, D4 = 8.
Amb tot això, podem verificar que efectivament el document no conté cap error.

Comentari

En converses «de cafè», s'ha comentat el «rumor» que aquest quart dígit ens indicava el nombre de persones que tenien el mateix nom que el titular. Un cop més, les matemàtiques desmenteixen aquesta creença i, per tant, aquesta afirmació és un mite de la «cultura popular». D'aquesta manera, i gràcies a l'aritmètica, hem desvelat el secret dels estranys símbols que apareixen per la lectura electrònica i el seu significat. Aquest exemple mostra un model de com la branca de la matemàtica anomenada *aritmètica modular* té un paper fonamental en la codificació del DNI i la seguretat del titular.
Novament, us invito a examinar el vostre document d'identitat i que comproveu que no és cap falsificació.

Una ullada al DNI electrònic

El DNI electrònic (DNIe) ens permet realitzar operacions per internet des de qualsevol ordinador, tràmits amb l'administració, gestions que re-

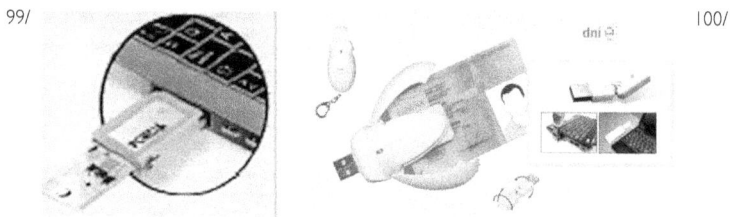

quereixen signatura *electrònica*; controlar en definitiva, que no es violi la nostra intimitat a qualsevol hora del dia.

Fins i tot podríem configurar el nostre ordinador de manera que no s'engegui si no hem col·locat el DNIe en un dispositiu adequat de tipus USB.

Mostrem ara unes imatges extretes de la pàgina web del Cos Superior de Policia, en què es mostra la fisonomia del nou DNIe: http://www.policia.es/cged/index.htm

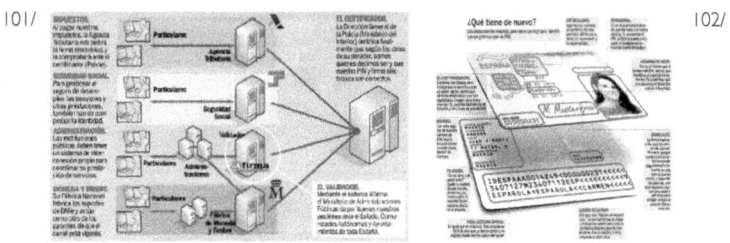

101/   102/

Quan renovem el DNI tradicional i ens proporcionen el DNIe, ens faciliten dos nombres secrets: L'un és el PIN, que ens permet que el nostre document es comuniqui amb el servidor de dades, i l'altre és per poder signar electrònicament. El procés és com segueix: ens connectem al servidor (administració pública, empresa,...); aquest verifica que s'ha connectat qui s'ha de connectar i li indica que la connexió és segura. Si l'operació requereix signatura electrònica, ens demana l'altre número; tot seguit, s'envien les dades i s'estableix el diàleg entre l'usuari i l'administració o empresa o entitat. Cal dir que aparentment sembla un sistema segur. Malgrat tot, «algú» trobarà un repte descobrir com violar les claus de comunicació!

El DNIe és una oportunitat per accelerar la implantació de la societat de la informació al si de l'Estat espanyol i poder estar a l'altura dels països més avançats del món, en benefici de tots els ciutadans i ciutadanes.

1.3. Què podem dir del número de passaport?

A la Unió Europea, ja no es requereix aquest document, però encara és necessari per desplaçar-se a molts indrets del planeta. Com s'estructura el passaport? Ara mostrarem com les matemàtiques ens acompanyen en els viatges pel món.

Habitualment, el número del passaport està format per set xifres (ABCDEFG), les sis primeres (ABCDEF) corresponen a la identificació personal i només són vàlides amb el suport de la setena xifra (el dígit de control G). A vegades, el dígit de control s'indica amb la lletra **X** en substitució de la lletra **G** i en determinades condicions, que detallarem. Per aclarir tot això, detallarem l'algoritme de verificació:

Multiplicarem ABCDEF ordenadament per la seqüència 1, 7, 3, 1, 7, 3 i calcularem la resta de dividir el valor trobat (diguem-ne **N**) entre 11 (anomenem **K** aquest valor de la resta); en termes matemàtics, diem que treballem en *aritmètica modular de mòdul 11*, que s'expressa com:

$$1 \cdot A + 7 \cdot B + 3 \cdot C + 1 \cdot D + 7 \cdot E + 3 \cdot F = N \equiv K \text{ (mód. 11)},$$ el valor de **K** l'anomenarem «clau».

El criteri per calcular el dígit de control (**G**) del passaport estableix que:

Si $K = 0$, el dígit de control és $G = 0$

Si $K = 1$, el dígit de control és $G = X$

Si **K** és diferent de 0 i de 1, el dígit de control és $G = 11-K$

Per tal d'il·lustrar aquest algoritme, en mostrarem un exemple. Verificarem si el número de passaport 347908 3 és correcte. Per fer-ho considerem el producte: $3 \cdot 1 + 4 \cdot 7 + 7 \cdot 3 + 9 \cdot 1 + 0 \cdot 7 + 8 \cdot 3 = 85$. La resta de dividir 85 entre 11 és 8; per tant, el dígit de control ha de ser $11-8 = 3$. Si observen l'enunciat, veiem que el número de passaport és correcte.

1.4. I del NIE?

El NIE és una variant del DNI per a estrangers residents a l'Estat espanyol. Fins a l'any 1962, es proporcionava el DNI a tots els estrangers residents a l'Estat, però a partir d'aquell any va aparèixer l'anomenat *número d'identificació d'estrangers* (conegut per l'acrònim de NIE). És un número que conté una «**X**» o una «**T**» com a caràcters identificatius a l'inici, set o vuit dígits i una lletra que serveix per identificar estrangers. Si el NIE té set dígits caldrà afegir-hi un 0 després de la **X**.

Obtenir la lletra a partir del número és molt senzill. La utilitat principal del NIE és realitzar qualsevol tràmit amb l'administració de l'Estat o autonòmica. Els sistemes informàtics de botigues, empreses o de les administracions poden realitzar aquesta comprovació per a qualsevol gestió. Per

aconseguir la lletra del NIE, cal procedir de manera anàloga a com es fa amb el DNI: dividir el número per 23 i cercar la resta de la divisió a la mateixa taula usada pel DNI; d'aquesta manera, n'obtindrem la lletra corresponent. En mostrarem un exemple:
Calcularem la lletra que correspon al NIE X1234567. Si dividim entre 23, obtenim de quocient 53676 i de resta 19; en llenguatge d'aritmètica modular, s'expressa: $1234567 \equiv 19$ (mòd. 23); per tant, la lletra seria la L. Aleshores, el NIE amb lletra inclosa seria X01234567L; (Recordem que cal afegir un zero si només té set xifres.)

103/ 104/

1.5. El CIF

Sovint hem sentit a parlar del CIF. Us sona? En què consisteix el CIF? Les sigles CIF signifiquen codi d'identificació fiscal. A diferència del NIF –que identifica les persones físiques–, el CIF és un element d'identificació tributària utilitzat per empreses, entitats i organitzacions (anomenades persones jurídiques) en general per tributar a les «arques de l'Estat espanyol».

Aquest número (el CIF) ha de ser únic per a cada entitat. Per tal que una factura sigui vàlida, és requisit indispensable que hi aparegui aquest número, en especial de l'empresa que factura.

En mostrarem l'estructura i el significat, i com podem verificar si és fals o no (per això s'introdueix l'anomenat dígit de control i la seva validació). Fins i tot mostrarem com esbrinar a quina comunitat pertany i saber si es tracta d'una societat limitada, anònima, comunitat de béns... Les matemàtiques ens ajudaran a detectar possibles estafes!

105/ 106/

El CIF consta de 9 dígits alfanumèrics de la forma:

Tipus d'entitat	Codi provincial		Numeració correlativa dins de cada província					Dígit de control
X	Y	Y	Z	Z	Z	Z	Z	T

Vegem amb quin caràcter es configura cada camp:

Tipus d'entitat
Segons l'ordre publicada al BOE núm. 49, del dimarts 26 de febrer de 2008 (pàgina 11374), s'estableix i actualitza el tipus d'entitat que es mostra a la taula –amb vigència a partir de l'1 de juliol de 2008. Es defineixen les lletres següents per classificar la tipologia d'empresa o entitat i els codis provincials (amb un caràcter identificatiu de cada província) que, segons transcripció literal del BOE, és:

A – Sociedad anónima.
B – Sociedad limitada.
C – Sociedad colectiva.
D – Sociedad comanditaria.
E – Comunidad de bienes.
F – Sociedad cooperativa.
G – Asociaciones.
H – Comunidad de propietarios en régimen de propiedad horizontal.
J – Sociedades civiles, con o sin personalidad jurídica.
N – Personas jurídicas y entidades sin personalidad jurídica que carezcan de nacionalidad española. Entidades no residentes.
P – Corporación local.
Q – Organismos públicos.
R – Congregaciones e instituciones religiosas.
S – Órganos de la Administración general del Estado y de las comunidades autónomas.
U – Uniones temporales de empresas.
V – Otros tipos no definidos en el resto de claves.
W – Establecimientos permanentes de entidades no residentes en territorio español.

01 -	Álava.	27 -	Lugo.
02 -	Albacete.	28, 78, 79, 80,	
03, 53, 54	Alicante.	81, 82, 83, 84 -	Madrid.
04 -	Almería.	29, 92, 93 -	Málaga.
05 -	Ávila.	30, 73 -	Murcia.
06 -	Badajoz.	31 -	Navarra.
07, 57 -	Islas Baleares.	32 -	Ourense.
08, 58, 59, 60,		33, 74 -	Oviedo.
61, 62, 63, 64 -	Barcelona.	34 -	Palencia.
09 -	Burgos.	35, 76 -	Las Palmas.
10 -	Cáceres.	36, 94 -	Pontevedra.
11, 72 -	Cádiz.	37 -	Salamanca.
12 -	Castellón.	38, 75 -	Santa Cruz de Tenerife.
13 -	Ciudad Real.	39 -	Cantabria.
14, 56 -	Córdoba.	40 -	Segovia.
15, 70 -	A Coruña.	41, 91 -	Sevilla.
16 -	Cuenca.	42 -	Soria.
17, 55 -	Girona.	43, 77 -	Tarragona.
18 -	Granada.	44 -	Teruel.
19 -	Guadalajara.	45 -	Toledo.
20, 71 -	Guipúzcoa.	46, 96, 97, 98 -	Valencia.
21 -	Huelva.	47 -	Valladolid.
22 -	Huesca.	48, 95 -	Vizcaya.
23 -	Jaén.	49 -	Zamora.
24 -	León.	50, 99 -	Zaragoza.
25 -	Lleida.	51 -	Ceuta.
26 -	La Rioja.	52 -	Melilla.

Passem a analitzar l'entrellat del dígit de control del CIF:

El dígit de control pot ser una lletra o un número, o ambdós elements a la vegada, en funció dels criteris proporcionats per l'Agència Tributària espanyola. S'estableix que aquest dígit serà sempre una lletra si l'entitat és del tipus P,Q,S; serà sempre un número si l'entitat és del tipus A,B,E,H. En la resta d'entitats (C,D,F,G,N), el dígit pot ser un número o una lletra.
Com és calcula aquest camp? Tot seguit en mostrarem l'algoritme.

Es consideren els set dígits centrals i se segueixen els ítems:

1. Cerquem el valor que s'obté de sumar les xifres que ocupen una posició parella. Aquest valor l'anomenarem **m**.
2. Multipliquem per dos les xifres que ocupen un lloc senar i els valors que tinguin dues xifres els reduïm a una xifra, de la manera següent: sumant els dígits o restant 9 (és a dir: si s'obté el valor 17, fem 1+7 = 8 o 17-9 = 8) i, a continuació, les sumem. Aquest valor l'anomenarem «**n**».
3. Calculem un valor que anomenarem **k** com $k = 10 - ((n+m) \pmod{10})$, recordem que (**n+m**) (mòd. 10) vol dir la resta de dividir **n+m** entre 10.
4. Com que a priori coneixem la tipologia d'entitat, sabrem si al dígit de control li correspon una lletra o un número. Si li correspon un número, el dígit de control serà el valor obtingut de k; si li correspon una lletra, la lletra serà la corresponent al valor obtingut de k segons la relació: 1 = A, 2 = B, 3 = C, 4 = D, 5 = E, 6 = F, 7 = G, 8 = H, 9 = I, 10 = J.

En mostrarem uns exemples:

Exemple 1:
En una factura, hi ha el CIF: A58818501; comprovarem que no és una falsificació.

Com s'observa, la clau de l'entitat és la lletra A i, per tant és una societat anònima; això ens indica que el dígit de control serà efectivament un número. Procedirem a calcular-lo segons l'algoritme que hem presentat.

Considerem la seqüència 5881850

Tenim que $m = 8+1+5 = 14$; per al càlcul de n realitzem:

$2 \cdot 5 = 10, 10-9 = 1$
$2 \cdot 8 = 16, 16-9 = 7$
$2 \cdot 8 = 16, 16-9 = 7$
$2 \cdot 0 = 0$

$n = 1+7+7+0 = 15$; aleshores $n+m = 14+15 \equiv 9$ (mòd. 10), és a dir, la resta de dividir 14+15 = 29 entre 10 és 9; per tant, $k = 10-9 = 1$.
Efectivament, el CIF A58818501 és correcte.

Exemple 2:
Pot ser fiable el CIF A-3742817Z?
No, ja que segons els criteris establerts anteriorment al distintiu A li correspon un caràcter numèric com a dígit de control.

Exemple 3: Completar un CIF
En el CIF de la factura de «La Mercantil Vilanovina. Teixits La Rosa» s'ha esborrat un número (anomenem-lo **X**) i volem reconstruir-lo. Hi llegim B-610X3596.
Com calcular el valor de **X**?

Considerem 610X359, on k = 6 (k és la darrera xifra de B-610X3596); veiem que és coherent amb el fet que al distintiu B (societat limitada) li correspon un dígit de control numèric. Aleshores:

m = 1+X+5 = 6+X

Para conèixer el valor de n realitzem les operacions:

2·6 = 12, 12-9 = 3
2·0 = 0
2·3 = 6
2·9 = 18, 18-9 = 9
n = 3+0+6+9 = 18
m+n = 6+X+18 = 24+X

Tindrem la relació (k = 6): 6 = 10-((24+X) (mòd. 10)), que equival a 6 = 10-((4+X) (mòd. 10)). Si consideren els possibles valors de X obtindrem que l'únic valor que compleix la igualtat és X = 0; per tant, el CIF correcte de la factura serà B-61003596.

1.6. Seguretat Social

L'afiliació a la Seguretat Social és obligatòria per a totes les persones pel que fa a la modalitat contributiva i única per a tota la vida, i la cotització a la Seguretat Social també és obligatòria (LGSS RD-Leg 1/1994 i RD 84/1996, de 26 de gener)
(http://www.seg-social.es)

El número d'afiliació a la Seguretat Social és una dada que identifica els ciutadans i ciutadanes, i té un parell de dígits de control (els dos darrers), que serveixen per evitar errors de transcripció. Aquest número s'obté en el primer contacte amb el món laboral i s'utilitza en qualsevol dels tràmits relacionats amb la tasca professional: altes, baixes, visites mèdiques, cotització... Introduir un número incorrecte d'afiliació pot causar molts problemes, situació que pot afectar els càlculs de prestacions com ara l'atur, la incapacitat temporal i permanent, la jubilació... Fins i tot un error numèric pot fer-nos constar com a difunts!

El número d'afiliació està dividit en tres camps, a,b,c, amb un total de 12 caràcters, tal com indiquem a la taula:

AA (a)	BBBBBBBB (b)	CC (c)
Província de l'usuari	Número correlatiu assignat	Dígit de control

El codi (a) de la província es pot consultar a la mateixa taula de la secció del CIF. Els dígits de control (c) s'obtenen a partir dels camps (b) i (a) concatenant els dígits a i b, negligint els zeros de l'esquerra i considerant el resultat d'aquesta seqüència en mòdul 97 (és a dir, considerant la resta, que anomenem d, de dividir entre 97). Recordem que matemàticament s'expressa $c \equiv d$ (mòd. 97). Aleshores s'estableix el criteri que si c és inferior a 10, li posem un zero davant; d'aquesta manera, si una resta és 0, l'escriurem com 00; si és 1, la convertirem en 01..., i d'aquesta manera ja tindrem el dígit de control.

Vegem-ne alguns exemples:

1. Verifiqueu si existeix algun error en el número de la Seguretat Social que mostrem d'un ciutadà de Barcelona:

Província	Número	Dígit de control
08	4147522	22

Notem que el codi provincial és el correcte; 08 correspon a la província de Barcelona.
Tenim que, si el número 84147522 el dividim per 97, s'obté de resta 22. En termes matemàtics, s'escriu com $84147522 \equiv 22$ (mòd. 97). Efectivament, el número de la Seguretat Social considerat és correcte.

2. Un ciutadà de la província de Madrid disposa d'un número «il·legible», tal com el mostrem. Els caràcters que «no es llegeixen» els hem indicat amb les lletres z, x i y:

Província	Número	Dígit de control
z8	12345678	xy

Trobarem aquests valors «desconeguts».

Per ser de la província de Madrid, tenim que $z = 2$. Si dividim 2812345678 per 97, obtenim de resta 40; per tant, $xy = 40$ i el número correcte és 28 12345678 40.

Un número il·legible
La senyora Fina té una targeta una mica vella de la Seguretat Social, de manera que no s'hi llegeix amb claredat el segon dígit; intuïtivament, sembla que hi vagi un 8. Aparentment, el número imprès sembla que és el 8/8619535, però en introduir aquest número a l'ordinador de l'administració ens indica «número erroni». Si dividim 88619535 entre 97, tenim de resta 53 –com s'aprecia, el dígit de control és el 35 i la resta obtinguda no dóna pas 35– i, per tant, és efectivament erroni. Ens inclinem a pensar que el número serà de la forma 8/X619535, on X és el valor desconegut. Si provem per diferents valors de X substituint 8X619535 fins que la resta de la divisió entre 97 resulti 35, obtenim que la xifra correcta és $X = 3$. Per tant, el número correcte és 8/3619535.

2. UN PASSEIG PEL BANC
Hi ha uns números que ens acompanyen en les nostres finances i potser desconeixem el paper de la matemàtica que s'hi amaga al darrere. Alguns d'aquests números són els dels comptes corrents, les llibretes, els xecs, les targetes de crèdit... Ens agradaria saber si són falsos? Com es construeixen? Tot seguit, ho mostrarem.

2.1. Comptes bancaris
Sovint podem sentir la curiositat de conèixer el significat dels números que apareixen en els comptes bancaris. Són inventats? Hi ha alguna relació entre ells?

El número de compte corrent o llibreta del banc s'estructura en una seqüència de 20 dígits, distribuïts com s'indica a la següent taula:

Entitat	Oficina	Dígit de control	Compte
abcd	efgh	ij	klmnopqrst

Els quatre primers dígits (abcd) identifiquen l'entitat bancària a què pertany el compte; els quatre següents (efgh), el número d'oficina en què es va obrir el compte; els dos següents (ij) són dígits de control i els deu restants (klmnopqrst), el número de compte. Si algun d'aquests camps, és inferior a la quantitat de xifres assignades a cadascun dels quatre camps, s'afegeixen zeros a l'esquerra per tal de completar la longitud de l'identificador; és a dir, si una entitat bancària és la 324, considerarem 0324.

La primera xifra (i) del dígit de control (ij) serveix per verificar si els codis assignats a l'entitat i l'oficina són correctes, i el segon dígit (j) és una verificació del compte.

Ara mostrarem com es calcula cada xifra del dígit de control. Per al càlcul de cadascun d'ells, s'utilitza aritmètica en mòdul 11. Segons la legislació vigent i els criteris bancaris, la combinació matemàtica estàndard que vincula els dígits d'un número de compte bancari de la forma abcd - efgh- ij – klmnopqrst és:

abcd - efgh - ij – klmnopqrst correspon a un compte bancari si:

operant amb les nou primeres xifres es té $4a+8b+5c+10d+9e+7f+3g+6h+i = 0$ (mòdul 11).

I operant amb les onze segones xifres s'obté:

$k+2l+4m+8n+5o+10p+9q+7r+3s+6t+j = 0$ (mòdul 11)

És a dir, la resta de dividir entre 11 cal que sigui 0.
Per obtenir els dígits de control i i j s'estableix que, si el número resultant és 11, el dígit de control serà 0, i si és 10, serà 1; en cas contrari, el deixem igual.

Vegem-ne un exemple:

La ONG Asociación Paz y Desarrollo disposa d'un tríptic en el qual ens convida a col·laborar i rebre informació de les seves activitats i hi apareix el número de compte bancari: 2100-1887-77-0200007536.

Comprova si 2100-1887-77-0200007536 és correcte. Per fer-ho, realitzarem les operacions indicades amb les nou primeres xifres:

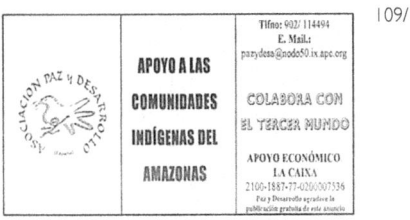

$4·2+8·1+5·0+10·0+9·1+7·8+3·8+6·7+7 = 154 \equiv 0$ (mòd. 11).
I les operacions adients amb les onze xifres restants:
$0+2·2+4·0+8·0+5·0+10·0+9·7+7·5+3·3+6·6+7 = 154 \equiv 0$ (mòd. 11).
És a dir, 154 dividit entre 11 té per resta 0. Per tant, el compte corrent és correcte.

Els dígits ocults

Suposem que d'un compte determinat han estat esborrats un parell de dígits; el primer correspon a la sucursal, i l'altre és un identificador del compte. Amb això tenim que el compte és de la forma:

0182 e370 46 0010022r27, en què e i r són els valors per determinar.

Considerem els criteris establerts de verificació per a les nou primeres xifres i per a les onze següents, i tenim:

$4·0+8·1+5·8+10·2+9·e+7·3+3·7+6·0+4 = 0$ (mòd. 11), $9·e+114 = 0$ (mòd. 11). Si provem per diversos valors de e, tindrem que l'únic valor que funciona és $e = 2$. Amb això tenim que el primer dígit de la sucursal és 2.

Nota matemàtica: Aquest valor del paràmetre e no sempre és calculable. En aquest cas, es pot calcular pel fet que el 9 i l'11 no tenen divisors comuns (són primers entre si).

Passem al càlcul de r. Tenim $0+2·0+4·1+8·0+5·0+10·2+9·2+7·r+3·2+6·7+6 = 0$ (mòd. 11), $96+7·r = 0$ (mòd. 11) Si provem per diversos valors de r, tenim que l'únic valor que funciona és $r = 2$.

Per tant, el número buscat és 0182 2370 46 0010022227.

Nota: Aquest número de compte correspon al «compte solidari» que la Creu Roja té contractada amb el BBVA.

2.2. El Codi IBAN *(International Bank Account Number)*

El dia 1 de juliol de 2003, els Estats membres de la Unió Europea varen crear un sistema únic per identificar els números de compte dels usuaris dels estats membres. Aquest codi es va anomenar IBAN (*International Bank Account Number*) i serveix per realitzar transaccions automàtiques a escala internacional. Consta de quatre caràcters: un parell de lletres que identifiquen el país i dos números que són els dígits de control. El número de compte no necessàriament té la mateixa longitud a tots els països; a l'Estat espanyol consta de 20 números. L'estructura d'un compte europeu és, doncs, el codi IBAN, seguit del número de compte propi de cada país i sense superar, en cap cas, els 34 caràcters. Ho il·lustrem en aquest requadre informatiu de la Unió Europea:

País	Longitud del compte europeu	Exemple dels quatre caràcters IBAN+ el número de compte
Andorra	24	AD12 0001 2030 2003 5910 0100
Àustria	20	AT61 1904 3002 3457 3201
Bèlgica	16	BE68 5390 0754 7034
Xipre	28	CY17 0020 0128 0000 0012 0052 7600
República Txeca	24	CZ65 0800 0000 1920 0014 5399
Dinamarca	18	DK50 0040 0440 1162 43
Estònia	20	EE38 2200 2210 2014 5685
Finlàndia	18	FI21 1234 5600 0007 85
França	27	FR14 2004 1010 0505 0001 3M02 606
Alemanya	22	DE89 3704 0044 0532 0130 00
Gibraltar	23	GI75 NWBK 0000 0000 7099 453
Grècia	27	GR16 0110 1250 0000 0001 2300 695
Hongria	28	HU42 1177 3016 1111 1018 0000 0000
Islàndia	26	IS14 0159 2600 7654 5510 7303 39
Irlanda	22	IE29 AIBK 9311 5212 3456 78
Itàlia	27	IT60 X054 2811 1010 0000 0123 456
Letònia	21	LV80 BANK 0000 4351 9500 1
Lituània	20	LT12 1000 0111 0100 1000
Luxemburg	20	LU28 0019 4006 4475 0000
Països Baixos	18	NL91 ABNA 0417 1643 00
Noruega	15	NO93 8601 1117 947
Polònia	28	PL27 1140 2004 0000 3002 0135 5387
Portugal	25	PT50 0002 0123 1234 5678 9015 4
República Eslovaca	24	SK31 1200 0000 1987 4263 7541
Eslovènia	19	SI56 1910 0000 0123 438

Espanya	24	ES80 2310 0001 1800 0001 2345
Suècia	24	SE35 5000 0000 0549 1000 0003
Suïssa	21	CH39 0070 0115 2018 4917 3
Regne Unit	22	GB29 NWBK 6016 1331 9268 19

El criteri establert per a la validació del codi IBAN és com s'indica a l'algoritme —que il·lustrem amb un exemple—. A cada lletra del país, se li assigna un número segons la taula:

A	B	C	D	E	F	G	H	I	J	K	L	M	N	O	P	Q	R	S	T	U	V	W	X	Y	Z
10	11	12	13	14	15	16	17	18	19	20	21	22	23	24	25	26	27	28	29	30	31	32	33	34	35

D'aquesta manera, al compte ES98 0182 5906 8600 10022227 que la Creu Roja té contractat amb el BBVA es veu que a la E li correspon el 14 i a la S el 28, que traduït a nombres és: 142898 0182 5906 8600 10022227.

En general, l'estructura és del tipus:
ABCDab+dígits identificatius propis del compte de cada país; a l'exemple tindríem que **ABCDab** seria **ES98 = 142898**

Per a la validació, es considera l'expressió de la forma: «Número de compte de cada país+codi iban» concatenats; a l'exemple, tindríem **018259068600100222227142898**.

Per tal que un codi IBAN sigui correcte, el criteri seguit és que aquest valor numèric tingui de resta 1 en efectuar la divisió entre 97. És a dir: que el nombre sigui congruent amb 1 mòdul 97.

Si dividim **018259068600100222227142898** per 97, obtenim efectivament de resta 1.

Com podem generar el codi IBAN si només coneixem el número de compte propi de cada país? Un cop més, les matemàtiques ens poden ajudar a desvelar la manera de fer-ho.

Substituïm les lletres **ab** (desconegudes) per un parell de zeros i dividim l'expressió «dígits identificatius del compte de cada país ABCD00» entre 97.
Si **R** té per valor 98, aleshores els dígits seran 98-9 = 89.
Si **R** només té un dígit, aleshores hi afegim un zero a l'esquerra.
Altrament, els valors cercats són 98-R.
Vegem com generar el codi IBAN del compte 0182 5906 8600 10022227 de la Creu Roja. Per fer-ho, d'acord amb l'algoritme proposat, escollirem la resta de dividir per 97 el valor **018259068600100222227142800**.

Se n'obté de resta **0** i, segons els criteris indicats, tindrem que 98-0 = 98; per tant, l'IBAN serà ES98.

Un parell d'exemples

1. La Creu Roja té contractat el compte 0049 0001 53 2110022225 a SCH. Quin és l'IBAN?

Considerem la seqüència (número de compte afegint-hi el 14 i el 28 de ES i dos zeros). 004900015321 10022225142800 i el dividim per **97**. S'observa que la resta és **54**. Per tant, els dígits numèrics de l'IBAN seran **98-54 = 44**. El número de compte complet serà, doncs:

004900015321 10022225142800≡54 (mòd. 97)
ES44 0049 0001 53 2110022225

2. Verifiquem si el número de compte ES18 2100-0418-41-0101444194 és correcte:

Construïm la seqüència
2100041841010144419414 2818 i observem que, efectivament, la resta de dividir aquest nombre entre 97 és 1 (en termes matemàtics, 21000418410101444194142818≡1 (mòd. 97)); per tant, el compte és correcte.

Nota: Els comptes que apareixen de la Creu Roja s'han obtingut de documents publicitaris públics.

110/  111/

2.3. Txecs bancaris

Els xecs bancaris també tenen un nombres de control. A la imatge, mostrem el model de xec d'un compte corrent normalitzat que s'utilitza a l'Estat espanyol. La informació i la imatge dels xecs homologats que mostrem s'han extret del *Boletín de la Asociación Española de Banca* (juliol de 2001), on s'estableixen les dimensions i la distribució dels camps.

A continuació, mostrem una imatge d'un xec de curs legal en què apareixen els nombres que l'identifiquen:

Al xec de la il·lustració, apareix la seqüència numèrica:
0.607.275   3   4227   6

En les talonaris usuals, el 4227 és el codi d'identificació, el 6 surt a tots els xecs del mateix talonari, el número 0.607.275 indica el número d'ordre o de xec i «l'estrany» 3 és el dígit de control per detectar possibles falsificacions i comprovar si el xec és correcte. Com es calcula aquest dígit? Novament, l'aritmètica modular ens explica com es calcula aquest dígit. Per a això es considera la seqüència formada pel número d'ordre, seguit del codi d'identificació. S'obté un número d'11 xifres; a l'exemple: 42270607275. Aleshores, dividim aquest nombre per 7 i considerem la resta de la divisió. A l'exemple, tenim que 42270607275 té per resta 3.

En general, si el número de xec és abcdefg i el codi d'identificació és xyzt, el criteri establert per trobar el dígit de control és considerar la resta de dividir xyzt abcdefg entre 7. És a dir: dígit de control = xyztabcdefg (mòd. 7)

Exemple

Comproveu el dígit de control del xec:
Considerem el número 42005506586 i li calculem la resta de dividir entre 7, que s'observa que és 1 (42005506586≡1 (mòd. 7)).
Per tant, el dígit de control és correcte!

2.4. I les targetes de crèdit?

Actualment, malgrat que hem fet menció dels xecs clàssics, el mètode més popular de pagament és la targeta de crèdit. Ara mostrarem com en podem esbrinar l'autenticitat. Un cop més, l'aritmètica més elemental ens proporciona criteris per tal de saber si un número de targeta és fals.

La majoria de les targetes, com la tradicional VISA, tenen 16 dígits, agrupats de la forma ABCD EFGH IJKL MNOP, en què el darrer dígit és el de control.

L'algoritme per verificar-ne l'autenticitat va ser desenvolupat per Hans Meter Luhn (1896-1964, tècnic de IBM) i és com segueix:

1. Considerem els 15 primers dígits (tots llevat del darrer, el de control)

2. Cada dígit de les posicions senars començant per l'esquerra el multipliquem per dos. Si el resultat obtingut és major que 9 sumem les dues xifres (o, equivalentment, restem 9). És a dir, si obtenim 13, considerem $1+3 = 4$ o bé $13-9 = 9$
3. Els resultats obtinguts els sumem i també sumem els dígits de les posicions parelles (incloent el de control)
4. Si el resultat és múltiple de 10, és a dir, si dividint entre 10 s'obté de resta 0; la numeració de la targeta és correcta.

Vegem-ne un parell d'exemples:

Comprovem si el número 1234 5678 9012 3452 d'una determinada targeta de crèdit és correcte. Segons l'algoritme, fem:

$$1 \cdot 2 = 2$$
$$3 \cdot 2 = 6$$
$$5 \cdot 2 = 10 \Rightarrow 1+0 = 1$$
$$7 \cdot 2 = 14 \Rightarrow 1+4 = 5 \text{ (o bé } 14-9 = 5)$$
$$9 \cdot 2 = 18 \Rightarrow 1+8 = 9$$
$$1 \cdot 2 = 2$$
$$3 \cdot 2 = 6$$
$$5 \cdot 2 = 10 \Rightarrow 1+0 = 1$$
$$2+6+1+5+9+2+6+1 = 32$$
$$2+4+6+8+0+2+4+2 = 28$$
$$32+28 = 60$$

El resultat és 60. Per tant, el codi de la targeta és correcte.

Un altre exemple: la xifra esborrada
Si tenim un número de targeta de crèdit i en desconeixem un dígit que designem **X**:
4539 4512 03X8 7356, Com el podem trobar?

Començarem multiplicant els números de la posició senar (4-3- 4-1- 0-X- 7-5-) i reduirem els que calgui a una xifra:

$$4 \cdot 2 = 8$$
$$3 \cdot 2 = 6$$
$$4 \cdot 2 = 8$$
$$1 \cdot 2 = 2$$
$$0 \cdot 2 = 0$$
$$X \cdot 2 = 2 \cdot X$$
$$7 \cdot 2 = 14, 14 - 9 = 5$$
$$5 \cdot 2 = 10, 10 - 9 = 1$$

Sumem els dígits de les posicions parelles i els trobats, i n'obtenim: 30+41+2·X = 71+2·X; el valor 71+2·X ha de ser múltiple de 10. Si anem provant, trobem que l´únic valor que ho verifica és **X = 9**.
Per tant, el número complet serà 4539 4512 0398 7356.

3. CODI DE BARRES

El primer sistema de codis de barres va ser patentat el 7 d'octubre de 1952 per Norman Woodland i Bernard Silver, amb número de registre 2612994. No s'assemblava als que actualment coneixem, ja que estava dissenyat mitjançant un seguit de cercles concèntrics. La primera lectura d'un codi de barres en un comerç va ser l'any 1974 a Troy, Ohio, Estats Units. A la imatge s'observa el document relatiu a l'invent.

114/ 115/ 116/

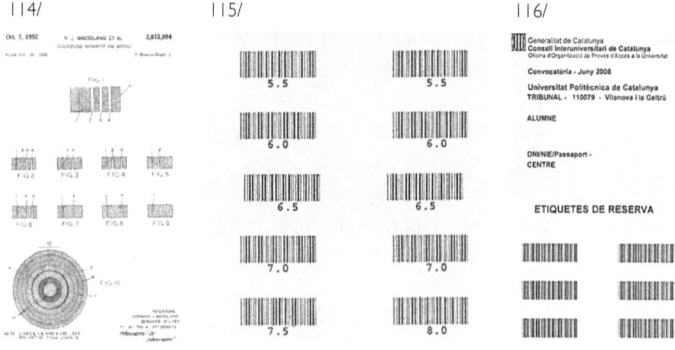

El codi de barres té l'origen l'any 1949. El format actual consisteix en una sèrie de barres negres (que en sistema binari representen l'1) i espais en blanc (que en binari representen el 0) de diferents amplades, que estan incorporats en etiquetes de productes per tal d'identificar articles i de ser llegits amb dispositius electrònics.

En general, els trobem en productes d'alimentació, objectes de regal, joguines, peces de vestir..., i fins i tot els podem trobar en els documents dels exàmens de selectivitat.

Aquestes barres contenen informació codificada sobre els productes (origen, composició, fabricant...). Hi ha diversos tipus de codis de barres; en mostrarem els més habituals: l'EAN en la seva versió de 13 dígits (EAN-13), l'EAN-8 i l'UPC-12

3.1. Codi EAN-13

L'acrònim EAN-13 significa *European Article Number* i neix als voltants de l'any 1976; actualment, està implantat a escala internacional. Consta d'una trentena de barres codificades en 13 dígits (ABCDEFGHIJKLM). La darrera xifra (**M**) és un dígit anomenat de control, que serveix per verificar-ne l'autenticitat.

La seva distribució i el seu significat més usual són:

AB	CDEFG	HIJKL	M
Codi del país (per exemple, Espanya té el 84)	Identifiquen l'empresa productora	Indiquen un codi assignat per l'empresa	És el dígit de control

Per calcular aquest valor de **M**, cal sumar els dígits situats a la posició senar (començant per l'esquerra i sense incloure el de control) i afegir-hi el triple de la suma dels dígits que ocupen una posició parella. Aleshores, el dígit de control **M** és la quantitat que li falta al valor calculat per tal de tenir el múltiple de **10** més proper. En mostrarem un exemple.

Comprovarem si el codi d'aquest envàs d'aigua és el correcte i, per tant, que no es tracta d'una falsificació.

117/  118/

Efectuem 8+1+8+1+0+0+3(4+3+7+0+3+4) = 18 + 3(21) = 18 + 63 = 81.
Li manquen 9 unitats per obtenir el múltiple de 10 més proper; per tant, el dígit de control serà un 9. Si observem l'etiqueta, veurem que efectivament és correcte.

Aquest algoritme no és res més que un model matemàtic d'aritmètica modular en mòdul 10. Formalment, el podem formular com:

ABCDEFGHIJKLM, i anomenem N el valor de l'operació:
A+C+E+G+I+K+3(B+D+F+H+J+L) = N i n la resta de dividir N entre 10; ho expressem com N≡n (mòd. 10). Aleshores, el dígit de control ve determinat com M = 10-n.

A l'exemple que es mostra tenim que 81≡1 (mòd. 10); aleshores, el dígit de control serà
10-1 = 9
Una manera equivalent d'expressar l'algoritme és:
A+C+E+G+I+K+3(B+D+F+H+J+L)+M ≡ 0 (mòd. 10)

119/

Exemple
En el món del comerç alimentari, no seria estrany trobar una llauna de caviar falsa; per això, verificarem si el codi de barres de l'etiqueta mostrada és correcte. Componem l'expressió segons el codi que apareix a la imatge:
5 + 0 + 2 + 3 + 0 + 5 + 3(7+1+6+9+0+4)+4 = 100
Per tant, 100≡0 (mòd. 10) i, en conseqüència, el codi és correcte.

120/

¡Cercant el nombre amagat!
En el producte que mostrem, apareix un dígit del codi de barres esborrat.
Cercarem quin és.
Componem els dígits segons l'algoritme i anomenem **X** el dígit desconegut:

4+1+3+0+3+4+ 3(0+3+2+0+X+9) + 7 = 64+3X≡0 (mòd. 10).
En mòdul 10, tenim la igualtat: 4+3X≡0 (mòd. 10); observem que
X ha de ser 2. Llavors, el codi correcte és: _____

3.2. Made in Catalonia

Catalunya ja disposa d'identitat pròpia en l'etiquetatge. La notícia, publicada recentment al rotatiu català *Avui* (14 de juny de 2010, <http://paper.avui.cat/article/economia/191664/fabricants/catalans/ja/tenen/codi/barres/propi.html>), explica que Catalunya té presència a escala internacional amb l'establiment d'un codi EAN13 propi. Concretament, s'ha escollit el "15" com a codi identificatiu català, xifra que satisfà l'algoritme de verificació i que "estava lliure".

Se'n pot comprovar la validesa amb l'exemple anterior, fent les operacions següents:
1+1+3+5+7+9+3(5+2+4+6+8+0)=101. S'observa que manquen 9 unitats per obtenir el múltiple de 10 més proper; per tant, el dígit de control és un 9 –el lector pot observar que, efectivament, la darrera xifra és un 9.

Fins ara, els productes elaborats a Catalunya es distribuïen amb el clàssic "84", compartit amb l'Estat espanyol. Amb el nou codi, s'ofereix un caràcter identitari als productes catalans. La iniciativa ha sorgit de l'Associació Catalana del Codi de Barres (ACCB, <http://associaciocodisdebarres.awardspace.info/>):

"No és raonable que a un emprenedor se li exigeixin gairebé 1.000 euros de quota d'alta i gairebé 200 euros anuals de per vida pel dret a disposar d'uns dígits –el 84– amb els quals confecciona el codi de barres per als seus productes i que, a més, l'identifiquen, tant si vol com si no, com a fabricant espanyol. Nosaltres volem oferir diferenciació i tarifes justes al servei que es necessita [...] Volíem tenir un índex diferenciat per a Catalunya i una numeració a un preu competitiu [...] amb un pagament únic de 298 euros en concepte de despeses d'administració i manteniment", expliquen els creadors de l'ACCB.

3.3. Codi EAN-8

Està format per 8 dígits ABCDEFGH i s'utilitza en productes als quals, per diverses raons, no els és possible assignar-los l'EAN-13. S'estructura en tres parts: codi del país, codi del producte i dígit de control (H). L'algoritme de verificació és anàleg al de l'EAN-13.

Es considera la suma dels dígits que ocupen una posició parella amb el triple dels que ocupen una posició senar (excloent-ne el dígit de control); el resultat –que anomenem R– el prenem en mòdul 10. Aleshores, s'estableix que el dígit de control H és $H = 10-R$ (si R és diferent de 0) i si ($R = 0$ s'agafa com a dígit de control el 0).

Vegem-ne uns exemples:
Calculem el dígit de control del codi EAN-8 codificat com 8415732.

Fem $3(8+1+7+2)+4+5+3 = 48 \equiv 8$ (mòd. 10); per tant, el dígit de control serà $10-8 = 2$ i el codi serà, doncs, 84-15732-2.

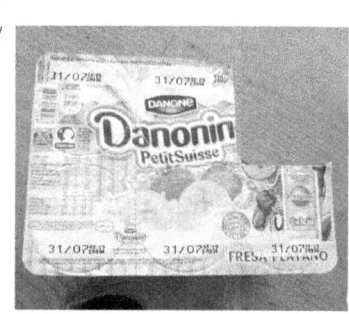
122/

Tot seguit, presentem un exemple quotidià en el qual apareix aquest codi. En algunes llars es consumeix el «Iogurt Danonino». En un envàs, hi trobem el codi de barres 84105028 tal com mostra la imatge:

Comprovarem que efectivament el dígit de control és el 8. Per això fem:
$3(8+1+5+2)+4+0+0 = 52$, que, dividit entre 10, té per resta 2, és a dir:
$3(8+1+5+2)+4+0+0 = 52 \equiv 2$ (mòd. 10); llavors, el dígit de control serà $10-2 = 8$.

3.4. Codi UPC-12

L'origen del codi UPC (*Universal Product Code*) ens remet als Estats Units, cap a l'any 1973 i va ser patentat per IBM. És l'estàndard per identificar productes als Estats Units. Està format per 12 dígits, en què el darrer és el de control. També es coneix com a codi UPC-A.

L'estructura és:

| Tipus de producte | Empresa | Codi de producte | Dígit de control (d) |

El tipus de producte està tabulat a escala internacional segons la taula:

0, 6 i 7	La majoria de productes
2	Productes de pes variable (carn, peix, verdures…)
3	Productes farmacèutics o relacionats amb la salut
4	Productes propis de l'establiment (p.ex., marques «blanques»)
5	Productes amb descompte o promocionals
1, 8 i 9	Altres no inclosos en els anteriors

L'algoritme de verificació és com segueix:
Anomenem R el resultat de l'operació 3 · (suma dels dígits que ocupen una posició senar)+dígits que ocupen una posició parella –excloent-ne el dígit de control. Anomenem r la resta de dividir entre 10; aleshores, el dígit de control (d) és d = 10-r (si r és diferent de 0); si r = 0 es pren d = 0.

A l'exemple de la imatge anterior, tenim:
3(0+4+2+5+7+8)+9+9+2+6+8 = 112; 112, dividit entre 10, té per resta 2; aleshores, el dígit de control serà 10-2 = 8.

En el popular joc del «Cluedo», en versió americana, trobem el codi de barres numerat com 0-69300-7303-2.
Comprovarem si és correcte.
3(0+6+3+0+3+3)+7+9+0+7+0 = 68, dividit entre 10, dóna com a resta 8, per tant, el dígit de control és efectivament 10-8 = 2.

4. EL CARNET D'IDENTITAT DELS LLIBRES

A la Tercera Conferencia Internacional sobre Recerca i Internacionalització del Mercat del llibre (Berlín, 1966) es va debatre sobre la necessitat i viabilitat d'homogeneïtzar un sistema numèric internacional per identificar els llibres amb un únic número d'identificació per a cada exemplar publicat. Aquest sistema va ser denominat ISBN (*International Standard Book Number*, Sistema Internacional de Numeració de Llibres) i va ser desenvolupat per J. Whitaker & Sons Ltd. al Regne Unit el 1967, i als Estats Units per la companyia R. R. Bowker el 1968. Aquesta norma s'utilitza actualment en uns 200 països. La informació detallada i la normativa les podem consultar a *User's Manual, (4a edició revisada i ampliada)* International ISBN Agency. Berlín, 1999). En aquesta publicació, s'estableix que han de portar ISBN els llibres, els tríptics no publicitaris, les publicacions electròniques, els CD-ROM, els vídeos, les diapositives, les obres de teatre... El format clàssic consta de 10 dígits, però a partir de 2007 s'exigeix que consti de 13 dígits. Actualment, conviuen publicacions amb ISBN de 10 dígits (a extingir) i de 13 dígits.

L'Estat espanyol es va adherir a l'ISBN l'any 1972. L'agència espanyola de l'ISBN va ser creada pel Decret 2984/1972, de 2 de novembre de 1972, i reformada l'any 1987 en una Ordre, de 25 de març de 1986, del Ministeri de Cultura.
La direcció de l'agència espanyola és:
AGENCIA ESPAÑOLA ISBN
C/ Santiago Rusiñol, 8
28040 – Madrid

4.1. Format clàssic de 10 dígits

Consisteix en 10 dígits del tipus ABCDEFGHI –J , on J és el dígit de control, distribuïts com:

Un màxim de cinc xifres que identifiquen el país d'origen de la publicació i que són assignats per l'Agència Internacional de l'ISBN de Berlín.

Un màxim de set dígits que determinen l'editorial i la col·lecció i que estan assignats pel país on es publica l'obra.

Un màxim de sis dígits que identifiquen l'autor i el títol.

El dígit de control (J) que té un valor entre 0 i 9, essent la lletra X el caràcter que representa el 10.

En ser un màxim de deu caràcters, els dígits que manquen per completar el total de deu es prendran com a zeros a l'esquerra. Per diferenciar cada grup, s'escriu un guió, de la forma AB-CDE-FGHI-J

L'algoritme que determina el dígit de control estableix que J és el valor que complex que la resta de dividir $10A+9B+8C+7D+6E+5F+4G+3H+2I+J$ entre 11 ha de ser 0, és a dir:

$$10A+9B+8C+7D+6E+5F+4G+3H+2I+J \equiv 0 \ (\text{mòd. } 11)$$

Vegem-ne un exemple:
En el text *Las matemáticas en la vida cotidiana* trobem l'ISBN 84-7829-020-6. Mostrarem que efectivament és correcte:
Si apliquem l'algoritme anterior, tenim: 10·8+9·4+8·7+7·8+6·2+5·9++4·0+3·2+2·0+6 = 297, si dividim 297 entre 11, tenim que la resta és 0.
En altres paraules:
10·8+9·4+8·7+7·8+6·2+5·9+4·0+3·2+2·0+6 = 297≡0 (mòd. 11). Per tant, és correcte.

Quin és el dígit que falta?
Designem per «?» el dígit desconegut de l'ISBN: 84-85?60-45-9. S'ha de verificar:
10·8+9·4+8·8+7·5+6·?+5·6+4·0+3·4+5·2+9 = 276+6·? ≡0 (mòd. 11). Una simple comprovació amb una petita calculadora ens mostra que el valor que va bé és ? = 9. Per tant, l'ISBN correcte és 84-85960-45-9.

4.2. Format de l'ISBN de 13 dígits

La implantació a escala internacional del nou format de 13 dígits suggereix incorporar un codi de barres fonamentat en l'EAN-13 per tal de facilitar la lectura electrònica; sovint s'anomena també identificador ISBN Bookland EAN.

Com sabem, el codi ISBN està format per 10 dígits i l'EAN, per 13. Aleshores, s'ha establert una mena de criteri de traducció i homologació mútua d'un format a un altre. Tots els codis EAN comencen per l'identificador del país; en el cas de les publicacions, serà precedit pel número 978 (prefix anomenat Bookland). Al prefix 978 li segueixen els 9 primers dígits de l'ISBN. El dígit de comprovació és reemplaçat per un altre dígit, d'acord amb les regles establertes per l'EAN –en mòdul 10. En sentit invers, si a partir de l'identificador Bookland EAN volem conèixer l'ISBN tradicional haurem d'anul·lar el 978 i recalcular el nou dígit de control en

125/ ISBN 978-84-8286-371-9

funció de l'algoritme de l'ISBN a aquest efecte –en mòdul 11.
En mostrarem alguns exemples per tal d'aclarir el que estem explicant.
A la imatge, mostrem el codi de barres, en format Bookland EAN, que apareix al llibre infantil *Manual de detectiu* (Brezina, Thomas, 2007. La Penya dels Tigres, Cruïlla).
Mostrarem com recuperar l'ISBN tradicional i, posteriorment, mostrarem com retornar al format Bookland EAN.

a) Pas de Bookland EAN a format ISBN clàssic:
L'identificador Bookland EAN que apareix és 978 8482863719.
Considerem el codi sense el 978 ni el dígit de control: 848286371 i hi apliquem l'algoritme per verificar l'ISBN clàssic. Per això, cal determinar el dígit de control «d» de manera que:
$10x8+9x4+8x8+7x2+6x8+5x6+4x3+3x7+2x1+d \equiv 0$ (mòd. 11). Fàcilment s'observa, per simple comprovació, que $d = 1$. Per tant, l'ISBN clàssic del text és 84-828637I-1.

b) Pas de l'ISBN clàssic a format Bookland:
Com s'ha comentat, aprofitarem el mateix exemple per reconstruir el codi Bookland EAN a partir de l'ISBN clàssic. Per a això, considerem l'ISBN tradicional, precedit del 978 i sense el dígit de control: 84 8286371, i ara calcularem el dígit de control que correspon al codi Bookland EAN (que anomenarem c). S'ha de verificar que $9+8+4+2+6+7+3(7+8+8+8+3+1)+c \equiv 0$ (mòd. 10). Per simple substitució –amb l'ajut d'una calculadora de butxaca–, trobem que $c = 9$. Per tant, el codi Bookland EAN serà 978 8482863719.

En algunes publicacions, s'inclou un codi de barres complementari de cinc dígits, que conté informació addicional (per exemple, el preu).

L'Agència Espanyola de l'ISBN va establir que, a partir de l'1 de gener de 2007, el format dels nous ISBN passaria de 10 dígits a 13 (Bookland EAN), i recomanava que les noves edicions amb format tradicional s'actualitzessin al nou format. Segons informacions de la mateixa agència, quan la capacitat numèrica s'exhaureixi s'introduirà el «979» com a nou prefix: (http://www.mcu.es/libro/CE/AgenciaISBN/InfGeneral/ISBN13.html).

4

MATEMÀTIQUES. EDUCACIÓ I CIUTADANIA

1. PER QUÈ LES MATEMÀTIQUES SÓN AVORRIDES? UNA VISIÓ DES DEL MÓN EDUCATIU

«L'educació és més obra d'amor que de ciència, i no hi ha res tan difícil i interessant com descobrir i formar la persona humana.»

Angeleta Ferrer i Sensat

Després d'haver exposat un seguit de *pinzellades* matemàtiques, considero oportú reflexionar breument sobre l'estat actual d'aquesta meravellosa disciplina per tal d'entendre molts aspectes interessants per a tots els usuaris de la matemàtica. Com a professor de la UPC, vull aportar una petita reflexió personal de la meva visió de l'ensenyament de les matemàtiques i de la seva implicació social. Aquesta reflexió s'esdevé com a conseqüència de 25 anys d'ensenyament. Al llibre, s'han presentat situacions susceptibles de ser utilitzades com a recurs educatiu i alhora com a instruments vàlids per al desenvolupament d'una ciutadania intel·ligent i culturalment avançada. Considero que no es pot entendre la implicació de les matemàtiques al nostre entorn, desvinculada del seu ensenyament.

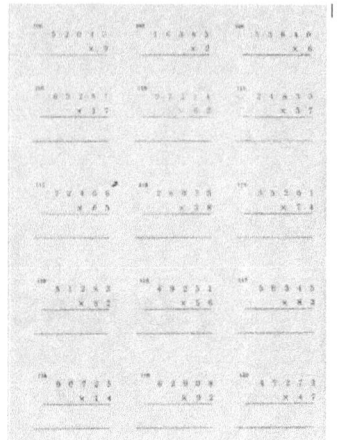

Per tal de contextualitzar els continguts del llibre, és necessari, doncs, fer cinc cèntims de les diverses «realitats» educatives, ja que històricament les matemàtiques no es destaquen per haver provocat entusiasme entre els ciutadans. Mereix atenció especial analitzar les causes del desencís *matemàtic* i proposar-ne modestament alternatives.

Amb aquest text es pretén precisament invalidar, d'una manera prudent, els tòpics que aboquen les matemàtiques al camp del que és inassolible, avorrit i inútil, tot mostrant els horitzons que es poden visualitzar a partir del seu coneixement. La voluntat del llibre és trencar el mite que «les matemàtiques són avorrides» i distanciar-se dels records d'inacabables operacions aritmètiques que ens van provocar maldecaps en la nostra infantesa; amb la finalitat de despertar interès i estimació cap a elles.

Amb aquest text, n'hem volgut mostrar la cara humana i agradable, amb aspectes que són presents en la nostra vida quotidiana i que formen part de la nostra cultura.

Per això, us convido a veure aquest llibre com un viatge extraordinari per descobrir algunes de les coses que les matemàtiques ens poden oferir i aportar en el tarannà de cada dia.

2. UNA MIRADA, UNA REFLEXIÓ I UN REPTE

«La matemática ha constituido, tradicionalmente, la tortura de los escolares del mundo entero, y la humanidad ha tolerado esta tortura para sus hijos como un sufrimiento inevitable para adquirir un conocimiento necesario; pero la enseñanza no debe ser una tortura, y no seríamos buenos profesores si no

procuráramos, por todos los medios, transformar este sufrimiento en goce, lo cual no significa ausencia de esfuerzo, sino, por el contrario, alumbramiento de estímulos y de esfuerzos deseados y eficaces.» (Puig Adam, matemàtic, 1958)

Com deia el mestre Puig Adam: «l'ensenyament no ha de ser una tortura...; cal convertir el sofriment en plaer». És possible que les matemàtiques sedueixin. Ens agradaria aportar una mirada i una reflexió al noble ofici d'educar, per tant, en aquesta secció no parlarem de matemàtiques sinó del seu paper en l'ensenyament per intentar esbrinar què és fer matemàtiques. Exposarem algunes reflexions de la nostra experiència professional, no necessàriament compartida per d'altres col·legues, en què analitzem el per què hi ha un cert rebuig al que envolta la paraula *matemàtiques*. Tot plegat amb l'objectiu que la lectura del llibre sigui profitosa per a la vostra formació i que després de la lectura tingueu una imatge agradable del que les matemàtiques us poden aportar.

Sovint es parla del fracàs escolar o que les matemàtiques no acostumen a aixecar passions. En aquest petit escrit, volem manifestar un seguit de reflexions sobre l'ensenyament de les matemàtiques, mostrar-ne una mirada a l'estat actual, amb la voluntat que, arran de la lectura del llibre, estimem més les matemàtiques; tot fent-les visibles.

Si fem una autocrítica de l'actuació docent, notarem que a vegades es parla ràpid en les explicacions, s'escriu depressa a la pissarra i s'usa un to de veu monòton. També s'ha prioritzat l'ensenyament de rutines *versus* el pensament creatiu. Per exemple, és més important «saber *per què es fa* una acció que no pas *com es fa*»; el *com es fa* hauria de quedar relegat a segon terme, i prioritzar-ne el *perquè*. A vegades, emfatitzem els errors dels nostres deixebles, en lloc de lloar-ne els encerts; seria bo adquirir l'hàbit de valorar i destacar el que els nostres alumnes fan correctament; potser d'aquesta manera aconseguiríem una millor motivació en l'estudi i potenciar l'interès per les matèries explicades. Molts d'aquests elements exposats són conductes i patrons que hem adquirit dels nostres predecessors.

Destaco que durant molts anys les matemàtiques s'han presentat descontextualitzades, ensenyades com fa segles i obviant-ne la innovació docent. Ens imaginen com seria la geografia explicada avui com fa 50 anys –amb els canvis que s'han produït? El mateix comentari serveix per a la biologia i l'economia... Però sembla que l'ensenyament de les matemàtiques no hagi evolucionat ni conquerit adeptes.

Mostrarem una imatge de la dècada del 1950, extreta de l'arxiu fotogràfic de l'estimat vilanoví Horro (1909-1987), en què les diferències més notables d'aleshores respecte d'ara són la desaparició de les clàssiques sotanes a les aules, que l'escola actualment és mixta i que el mobiliari ja no és de tanta qualitat; els continguts i, en especial, les metodologies -malgrat estem al segle XXI- són els mateixos i encara en molts centres es presenten en pissarres de guix!

Algunes mancances que té l'ensenyament d'avui són:
1. Manca d'aplicació de les situacions de la realitat en els currículums de matemàtiques. En aquesta línia, el matemàtic Julio Rey Pastor (1955) apunta: «L'absència d'aplicacions ens fa incapaços d'inspirar amor a aquesta ciència.»
2. L'excés de simbolisme en les presentacions i les maneres d'escriure poc entenedores afavoreixen el distanciament de l'atenció en les matemàtiques, ja que sovint s'abusa d'un elevat grau d'abstracció. Seria bo introduir més gràfics en les explicacions; potenciar l'aprenentatge en grup; introduir tallers de matemàtiques amb objectes manipulables mitjançant jocs matemàtics, ordinadors i d'altres estris. Amb aquest conjunt d'activitats heurístiques, s'aconseguiria destacar els elements epistemològics de la matemàtica i augmentar els aspectes cognitius de l'estudiant. Pere Puig Adam, assenyala: «En l'ensenyament de les matemàtiques, cal substituir el formalisme pel pensament intuïtiu i les matemàtiques han d'estar en contacte amb situacions de la realitat» (pròleg del llibre *Cálculo integral*, 17a ed., 1979).»

3. FER MATEMÀTIQUES

Què és, doncs, fer matemàtiques? El missatge que cal transmetre és que les matemàtiques poden ser útils i atractives. Matemàtiques és sentiment. Fer matemàtiques no és realitzar un seguit de rutines, ni fer més temes; és, en tot cas, oferir més idees i més creativitat; fer matemàtiques és una manera de pensar i de viure; fer matemàtiques és una manera de mirar el món que ens envolta; fer matemàtiques és pensar abans d'actuar; ensenyar matemàtiques forma part de l'educació i la formació dels ciutadans i les ciutadanes destacant el component humà de les matemàtiques i despertant l'esperit crític dels estudiants, tot fomentant el debat i el treball en grup. El llenguatge matemàtic no ha de ser el punt de partida, sinó el punt d'arribada. Tal com afirma el doctor Claudi Alsina: «Les matemàtiques es fan amb el cap i s'ensenyen amb el cor» (*Avui*, 1999). Aquest és el repte que ens hem de proposar com a professors i mestres que volen formar ciutadans amb sentit crític en la societat avançada del segle XXI.

Com a cloenda d'aquesta secció, volem oferir una reflexió molt adequada de Joan Triadú (Butlletí Informatiu de l'Ensenyament a Catalunya, núm. 27, 2002): «Els professors haurien de tenir una preparació didàctica o pedagògica expressa per a l'ensenyament que efectuen. Hi ha molta gent que fa carreres sense la intenció d'ensenyar-les després i es troben en l'ensenyament per qüestions laborals. No s'hi senten bé ni estan preparats per a fer-ho. L'ensenyament vol una predisposició personal i s'ha de reforçar amb una predisposició pedagògica que moltes vegades no hi és.» En síntesi, el professorat ha d'estar preparat per assumir els reptes que presenta l'avenç tecnològic, cultural i metodològic que la societat actual ens ofereix.

La formació matemàtica va més enllà de simples rutines i mecàniques. Cal una forta implicació del professorat en allò que expliquem i que, en principi, estimem. Cal transmetre entusiasme i il·lusió per les matemàtiques, i l'objectiu d'aquest llibre és precisament popularitzar-les i fer-les visibles.

4. ELS NOSTRES REFERENTS: UN FORT AGRAÏMENT AL RECORD

No voldria pas deixar de banda els mestres, de qualsevol nivell educatiu: la seva noble tasca ha enriquit el coneixement de tots nosaltres. I, en particular, voldria recordar el col·lectiu de professorat de matemàtiques, que dia rere dia lluita per transmetre il·lusió i coneixement. Cal lloar, doncs, la tasca engrescadora de tots els membres de la comunitat educativa, que en el noble ofici de formar ciutadans fan sentir estimació per a diversos camps del coneixement i, en particular, les matemàtiques. Per això, vull oferir un merescut record als nostres referents educatius que han deixat petjada en la millora de l'ensenyament.

En homenatge als nostres mestres en el noble ofici d'educar, perquè d'ells hem estat aprenents, i encara ens manca molt per aplicar de les seves lliçons... Gràcies Maria Montessori, gràcies Alexandre Galí, gràcies Rosa Sensat, gràcies F. Ferrer i Guàrdia, gràcies Josep Pallach, gràcies Marta Mata...

131/

I, molt especialment, als mestres del nostre ofici:
Gràcies Lluís Santaló, gràcies Paulo Abrantes, gràcies Pere Puig Adam, gràcies Esteve Terrades, gràcies George Pòlya, gràcies Pere Roig, gràcies Miguel de Guzmán… i tants d'altres...

132/

Gràcies per la vostra herència acadèmica i humana. Tots vosaltres estareu en el lloc més noble del nostre cor!

És el meu desig que els elements que s'exposen en el llibre siguin profitosos per enriquir la reflexió i el debat, i que –al cap i la fi– el text esdevingui una petita contribució a millorar l'estimació a les matemàtiques.

5. DECÀLEGS DE LA DIDÀCTICA DE LES MATEMÀTIQUES

No podem ignorar, en una secció d'elogi i estimació a l'ensenyament de les matemàtiques i al seu paper en la societat, els encertats decàlegs de la didàctica de les matemàtiques, on es fa palesa de la part humana d'aquesta disciplina i el seu ensenyament. Probablement, si les indicacions plasmades en aquests decàlegs es posessin en la pràctica, les matemàtiques deixarien de ser avorrides i aconseguiríem estimar-les. El primer que presentem va ser proposat per Pere Puig Adam. És un decàleg que hem de reivindicar i tenir en consideració per tal d'assolir un ensenyament de qualitat i alhora una formació humanament íntegra. Prestarem especial atenció en aquest decàleg que comentarem punt per punt. Els aspectes que s'hi tracten són un referent tant per als mestres, com per als pares i als ciutadans per entendre la realitat educativa, i serà bo tenir-los en consideració per millorar la imatge de les matemàtiques.

I. *No adoptar una didàctica rígida, sinó amotllar-la en cada cas a l'alumne, observant-lo constantment.*
El centre de l'ensenyament avui no és el mestre, sinó l'alumne. L'acció d'aprendre ha arrabassat la seva antiga primacia a l'acte d'ensenyar. Ensenyar és avui estimular i guiar els processos d'aprenentatge. Per això, l'acció del mestre queda condicionada, en cada cas, a aquests processos. Convé aquí recordar especialment el caràcter general de l'ensenyament per evitar que els professors de matemàtiques busquin en la didàctica solucions fixes i rígides com la mateixa matemàtica.

II. *No oblidar l'origen concret de la matemàtica ni els processos històrics de la seva evolució.*
Aquest oblit engendra una visió estreta de la finalitat educativa de la matemàtica, la qual no s'ha de limitar al desenvolupament del raonament lògic abstracte. Les nocions i les operacions matemàtiques han tingut el seu primer origen històric en processos d'abstracció i esquematització del món físic real. La humanitat només ha pogut aplicar el mecanisme abstracte als problemes que se li han presentat després d'efectuar aquestes esquematitzacions. Els resultats d'aquesta elaboració abstracta s'han projectat novament al camp de la realitat en la interpretació i l'atac d'altres problemes. Els processos genètics del pensament matemàtic estan prou vinculats a la seva evolució històrica perquè no oblidem aquesta gènesi i evolució.

III. *Presentar la matemàtica com una unitat en relació amb la vida natural i social.*
Per a la gran majoria dels nostres alumnes, la matemàtica serà tan sols un instrument d'enfocament dels seus problemes quotidians.

Educar-los matemàticament és força més que presentar-los el mecanisme abstracte de l'instrument buit. Caldrà conrear, igualment, i en tot l'ensenyament matemàtic, el sentit de les aplicacions.

IV *Graduar amb molta cura els plans d'abstracció.*
L'abstracció només provoca un allunyament dels problemes quotidians. Les matemàtiques poden oferir a l'ensenyament la seva presència si es vinculen amb altres disciplines, com la física, la química, la geografia..., i fins i tot la vida quotidiana. L'amplitud d'aquestes qüestions pot ser ocasió per organitzar treballs en equip, i promoure hàbits útils de col·laboració social i d'autodisciplina de grups de treball.

V. *Ensenyar guiant l'activitat creadora i descobridora de l'alumne.*
El noi i la noia no són dipòsits que s'han omplir de coneixements, sinó potencials que desitgen consentir-se en activitat. Guiem aquesta activitat en un sentit educatiu. Els processos d'adquisició de coneixements no s'han de dissociar dels de descobriment. La tasca del mestre és provocar l'activitat creadora de l'alumne i d'orientar-la, en cada cas, cap a la generació del coneixement que es tracti d'adquirir.

VI. *Estimular aquesta activitat despertant interès directe i funcional per l'objecte del coneixement.*
L'estímul del noi o la noia no ha de ser la coacció, o la freda proposta de qüestions que no despertin un interès directe respecte de les seves necessitats. Cal oferir afectivitat en la comunicació. En contra del que creu molta gent, les matemàtiques poden despertar interès i motivar els nostres estudiants; només cal presentar els continguts de forma estimulant i a partir de situacions properes a l'entorn dels nostres interlocutors.

VII. *Promoure l'autocorrecció tant com sigui possible.*
Una de les potencialitats educatives de la matemàtica és que els seus resultats són autocomprovables. En l'educació del caràcter i de la voluntat, és fonamental el recurs a l'autocrítica. Un educand acostumat a corregir-se ell mateix pel senzill mètode de la comprovació dels propis resultats i, per tant dels seus propis errors, quan els cometi, serà, potser, més caute a precipitar-se, més segur dels seus passos, més objectiu en els seus judicis i, potser també, més humil en les seves apreciacions. Però cal que també el professor s'apliqui aquest precepte, que procuri comprovar objectivament ell mateix els resultats del seu ensenyament i millorar els seus mètodes d'acord amb aquestes comprovacions.

VIII. **Aconseguir un cert mestratge en les solucions abans d'automatitzar-les.** Sovint és còmode per als mestres subministrar com més aviat millor «les regles» i repetir-les mecànicament. Actuant d'aquesta manera, es crea el perill de provocar en els alumnes un cert automatisme mental. Aquesta manera de procedir és més perillosa quan l'alumne, en el seu afany d'acció, acull amb alegria les regles que li permeten actuar ràpidament abans d'assimilar-ne les essències metòdiques.

IX. *Procura que l'expressió de l'alumne sigui traducció fidel del seu pensament.* Cal tenir present el paper d'aprenentatge dels estudiants; deixar que parlin, que proposin les seves idees —encara que siguin inicialment errònies-, i nosaltres, com a formadors o pares, anar-los orientant. D'aquesta manera, l'aprenentatge és més fluid, i l'estudiant va construint el seu propi coneixement.

X. *Procurar que cada alumne tingui èxits que n'evitin el descoratjament.* Potser cap altra disciplina no crea entre els alumnes desnivells tan acusats com les matemàtiques. Això produeix, en els menys dotats, veritables complexos de descoratjament i d'aversió envers la matemàtica, que ja mai més no tindran remei. Tot ésser humà necessita l'alcaloide espiritual de l'èxit que estimula la seva vida de relació social, i, si bé les grans dosis poden ser funestes, les petites són necessàries. Cal procurar subministrar-les als alumnes menys dotats, homogeneïtzant tant com sigui possible els grups i tenir una sensibilitat que sovint s'oblida.

A continuació, mostrem un altre conegut decàleg, proposat pel professor G. Pòlya:

1. Interessa't per la teva matèria.
2. Coneix la teva matèria.
3. Coneix les maneres d'aprendre.
4. Tracta de llegir en les cares dels estudiants; tracta de veure les seves expectatives i les seves dificultats; posa't al seu lloc.
5. No donis als estudiants només informació, sinó maneres de desentrellar, actituds mentals, l'hàbit del treball metòdic.
6. Deixa'ls aprendre a conjecturar.
7. Deixa'ls aprendre a demostrar.
8. Busca aquells traços del problema que s'estigui tractant que puguin ser útils per resoldre els problemes que es presentin en el futur. Tracta de desvelar el patró general que s'amaga darrera de la situació concreta.

9. No desvelis tot el teu secret d'una vegada; deixa que els estudiants facin conjectures abans que tu en diguis la solució; deixa'ls esbrinar per si mateixos tant com sigui possible. (Com deia Voltaire: «L'art de ser avorrit consisteix a dir-ho tot.»)
10. Suggereix; no l'espantis perquè se li farà més difícil.

Per desmitificar les matemàtiques i alhora potenciar-ne la transmissió amb l'objectiu de fer-les estimables i enriquir-ne els seus continguts, oferirem uns breus consells bàsics que caldria que el col·lectiu de mestres i professors implementessin a les aules, malgrat les limitacions de cadascú i de cada centre:

1. Complicitat del professor amb les noves tecnologies, almenys a nivell d'usuari, per enriquir els continguts.

2. Innovació metodològica, que no vol dir canvi de suport. Cal incentivar més la tasca d'innovació docent i cercar més implicació dels centres. Introduir tallers de matemàtiques (jocs matemàtics, bombolles de sabó, vídeos...), i incentivar la participació dels nostres alumnes, diverses competicions matemàtiques (proves Cangur, Olimpíades, Fem Matemàtiques...).

3. Més presència de programes de càlcul simbòlic i numèric, de la web: milloren les exposicions dels conceptes, enriqueixen la comprensió i la visualització. Permeten treballar en problemes reals. Seria bo que les aules i els centres disposessin de programes adients d'aquesta tipologia (Cabri-Géomètre, GeoGebra, la calculadora en xarxa Wiris, Derive...)

Aquests elements enriqueixen les produccions acadèmiques dels estudiants i en potencien la creativitat. Esperem que, en un futur no gaire llunyà, els centres disposin d'un laboratori de matemàtiques que centralitzi i reculli els elements indicats; per a això, cal un alt grau d'implicació de les administracions, fet que en ple segle XXI esperem que deixi de ser un somni i passi a ser una realitat.

Com deia G. Pòlya: «Ensenyar bé és ajudar a comprendre allò que es vol transmetre.»

REFERÈNCIES BIBLIOGRÀFIQUES

- Agencia Española del ISBN (2001): *Manual del usuario*. 2.ª edición. (Traducció d'*ISBN User's Manual*, 4a ed., International ISBN Agency, Berlín, 1999).
- Alberti, Rafael (1969): «La divina proporción». *A: Antologia poética*. 5a ed. Editorial Losada.
- Asociación Española de Banca (2001): *Información normalizada de cuenta corriente*. Serie Normas y Procedimientos Bancarios, núm. 43. Madrid.
- Alsina, Claudi (2000): *Estimar les matemàtiques*. Columna.
- Alsina, Claudi (2005): *Geometria cotidiana*. Rubes.
- Alsina, Claudi (2008): *Vitaminas matemáticas*. Ariel.
- Alsina, Claudi (2009): *Geometría para turistas*. Ariel.
- Fortuny, Josep M., et al. (1992): *La matemàtica del consumidor*. Institut Català de Consum. Generalitat de Catalunya.
- Garfunkel, Solomon (COMAP-1998): *Las matemáticas en la vida cotidiana*. Addison-Wesley; UAM.
- Gómez, J. (2000): *L'altra cara de les matemàtiques*. Cep i la Nansa.
- Gómez, J. (2002): *De la enseñanza al aprendizaje de las matemáticas*. Paidós.
- Gómez, J. (2005): *La matemática, reflejo de la realidad*. FESPM.
- Gómez, J. (2010): *Codificación y criptografía*. RBA. Col·lecció «Mundo Matemático».
- Gómez, J. (2010): *Geometría no euclídea*. RBA. Col·lecció «Mundo Matemático».
- Polya, George (1966): *Matemáticas y razonamiento plausible*. Tecnos.
- Puig, Adam (1955): «Decálogo de la Matemática Media», Gaceta Matemática, 1a sèrie, tom 7, núm. 5-6, Madrid.

– Spinadel Vera, W. (1997): «Una nueva familia de números». *Anales de la Sociedad Científica Argentina*, vol. 227, núm. 1.

WEBS

- http://phobos.xtec.cat/creamat/ (2009-2010)
  Centre de recursos per ensenyar i aprendre matemàtiques.
- http://www.cobrakein.com/curiosidades/numero-pi-cantado.html
- http://www.goear.com/listen.php?v=bffe90e (2010)
  Ens endinsa en el món del nombre pi i altres d'afins.
- http://www.dgt.es/revista/archivo/pdf/num144-matric.%20Pags.%2029-31.pdf (2008)
  Butlletins de la Direcció General de Trànsit, setembre-octubre de 2000
- http://www.mvp-access.es/softjaen/vbnet/funciones/dc/index.htm (2009)
  Mostra algoritmes per calcular els dígits de control (visitada durant l'estiu de 2009)
- http://www.policia.es/cged/index.htm (2009)
  Hi podem trobar informació sobre el DNI electrònic.
- http://www.gencat.cat/mediamb/ea/mobilitat/costos/ctenircotxe.htm#costcotxe (2009)
  Hi trobem un estudi recent (maig de 2009) sobre mobilitat, realitzat per la Generalitat de Catalunya.
- http://www.gencat.net/aca (2009-2010)
  Hi ha informació i dades de l'Agència Catalana de l'Aigua.
- http://www.vilanova.cat/app/eleccions/historic/res_med.asp?i=142&t=1 (2007)
  Web on hi ha els resultats electorals de les eleccions municipals 2007 a Vilanova i la Geltrú.
- http://gutovnic.com/como_func_sist_gps.htm (2009)
  Document on detalla de manera molt plana el funcionament del sistema GPS

PROCEDÈNCIA D'IMATGES

p. 138, Arxiu fotogràfic de la Biblioteca de l'Associació de Mestres Rosa Sensat (foto Rosa Sensat).

www.ingramcontent.com/pod-product-compliance
Lightning Source LLC
Chambersburg PA
CBHW070247230526
45470CB00002B/506